园林植物
应用与管理技术

雷一东 编著

金盾出版社

内容提要

　　本书从园林植物的功能与作用、特性与分类等基础知识入手,介绍了园林植物配置与生态园林建设,园林植物规划设计与施工,园林植物造型与养护管理等方面的理论、方法与实践经验。本书资料丰富、内容充实,通俗易懂,具有较高的实用价值。可供风景园林、城乡绿化、环境保护、环境艺术、规划建设等领域的师生和风景园林规划设计、管理人员使用,以及园林绿化行业职工培训和风景园林与园林植物爱好者阅读。

图书在版编目(CIP)数据

　　园林植物应用与管理技术/雷一东编著. — 北京:金盾出版社,2019.1

　　ISBN 978-7-5186-0557-6

　　Ⅰ.①园…　Ⅱ.①雷…　Ⅲ.①园林植物—观赏园艺—研究　Ⅳ.①S688

　　中国版本图书馆 CIP 数据核字(2015)第 230271 号

金盾出版社出版、总发行
北京太平路 5 号(地铁万寿路站往南)
邮政编码:100036　电话:68214039　83219215
传真:68276683　网址:www.jdcbs.cn
双峰印刷装订有限公司印刷、装订
各地新华书店经销
开本:850×1168 1/32　印张:7.5　字数:186 千字
2019 年 1 月第 1 版第 1 次印刷
印数:1~5 000 册　定价:23.00 元

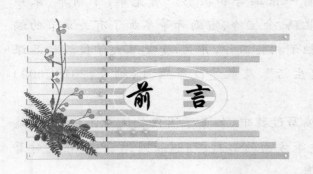

前　言

　　风景园林是有生命的绿色基础设施,是生态文明与美丽中国建设的空间载体和重要的实体要素。在我国城市化快速发展进程中,环境保护、生态城市和人居环境建设将是一项长期的战略任务,风景园林行业面临巨大的发展空间和机遇。

　　植物除了能创造人类优美舒适的生活环境,更重要的是能创造适合于人类的生态环境。在当前城市化、工业化与气候变化的背景下,人类所赖以生存的生态环境日趋恶化,城市热岛效应愈来愈明显,人们离自然越来越远。保护环境、美化环境、生态修复成为时代潮流,保护植物与生物多样性、坚持可持续发展,最终才能拯救人类自己。园林植物应用与管理主要涉及园林植物特性分类、配置造景、规划设计、种植及多样性保护,园林植物的水肥管理、整形与修剪、病虫害防治等后期养护,是维持和提升风景园林及城市绿色空间质量的重要方面。

　　本书由雷一东编著和摄影。唐先华、丁朝华、朱燕妮、宋佩颖、裴鹏、金宝玲、雷雨奇等参加了有关章节的编著工作或承担了相关工作,并且,受复旦大学校级精品课程"植物改变生活",及教学改革项目(编号:2018C009)资助。

　　本书在编写过程中,参考了国内外风景园林、园艺栽培、生态环境等方面的书籍、期刊和网站资料,在此对著作者一并致谢。

　　由于园林植物涉及面广,以及编者的经验和水平所限,尽管在编著过程中做了很大努力,书中难免有错漏或不妥之处,恳请广大读者不吝指正。

编 著 者

 目 录

第一章　园林植物应用概述 …………………………（1）

一、园林植物相关概念 …………………………………（1）

二、园林绿化的功能与作用 ……………………………（5）

（一）美化环境 …………………………………………（5）

（二）改善环境 …………………………………………（6）

（三）愉悦身心 …………………………………………（8）

（四）防灾减灾 …………………………………………（8）

三、同质化背景下的城市植物多样性保护 ……………（8）

（一）城市化对城市植物多样性的影响 ………………（9）

（二）城市植物多样性保护途径 ……………………（11）

第二章　园林植物的特性与分类 ………………（12）

一、园林植物形态特征 ………………………………（12）

二、园林植物系统分类 ………………………………（15）

三、园林植物的观赏特性分类 ………………………（16）

（一）观形植物 ………………………………………（16）

（二）观叶植物 …………………………………………（18）

（三）观花植物 …………………………………………（22）

（四）观果植物 …………………………………………（25）

（五）意境美植物 ………………………………………（26）

（六）声音与感应植物 …………………………………（27）

（七）蜜源与芳香植物 …………………………………（27）

（八）园林植物的质感 …………………………………（28）

四、园林植物的生态习性及分类 ………………………（28）

（一）光照 ………………………………………………（29）

（二）温度 ………………………………………………（32）

（三）水分 ………………………………………………（33）

（四）土壤 ………………………………………………（34）

（五）大气 ………………………………………………（35）

（六）生物 ………………………………………………（37）

五、园林花卉的分类 ……………………………………（39）

（一）露地花卉 …………………………………………（39）

（二）温室花卉 …………………………………………（41）

（三）木本花卉 …………………………………………（41）

六、园林新优植物引种与应用 …………………………（41）

（一）春景秋色与新优植物引种 ………………………（42）

（二）上海彩叶植物应用概况 …………………………（46）

（三）部分园林新优植物简介 …………………………（51）

第三章　园林植物配置与造景 …………………………（56）

一、园林植物的选择 ……………………………………（57）

（一）正确选择园林植物的重要性 ……………………（57）

（二）园林植物的选择原则 ……………………………（57）

二、园林植物的配置 ……………………………………（60）

（一）植物配置原则 ……………………………………（61）

（二）植物配置类型 ……………………………………（66）

（三）多样性应用 ………………………………………（77）

三、各类园林植物配置 …………………………………（79）

（一）草坪植物配置 ……………………………………（79）

（二）地被植物配置 ……………………………………（91）

（三）水景植物配置 ……………………………………（95）

（四）道路植物配置 ……………………………………（96）

（五）建筑与假山石植物配置 …………………………（99）

（六）居住区植物配置 …………………………………（99）

（七）功能型植物配置 …………………………………（101）

四、上海市优化绿地功能，调整植物结构概述 ………（103）

第四章　生态园林建设 …………………………………（105）

一、对传统园林建设方法的思考 ………………………（105）

二、生态园林的概念与特征 ……………………………（106）

（一）生态园林的概念 …………………………………（106）

（二）生态园林的特征 …………………………………（107）

三、生态园林的指导思想与建设原则 …………………（109）

（一）生态园林的指导思想 ……………………………（109）

（二）生态园林建设原则 ………………………………（112）

四、生态园林规划设计方法 ……………………………（116）

（一）生态整体性与复合性方法 ………………………（116）

（二）尊重自然与显露自然的方法 ……………………（117）

（三）乡土性与地域方法 …………………………………（119）

（四）生物多样性方法 ………………………………………（121）

（五）循环经济方法 …………………………………………（122）

（六）生命周期方法 …………………………………………（125）

（七）公众参与方法 …………………………………………（126）

（八）生态园林建设中的技术运用 ………………………（127）

五、近自然园林 ……………………………………………（129）

六、退化林地的恢复与重建 ………………………………（134）

（一）生态恢复的三个层次 ………………………………（135）

（二）林地恢复计划的制定 ………………………………（136）

（三）林地恢复的原则 ……………………………………（136）

（四）林地恢复的方法 ……………………………………（137）

（五）林地恢复中存在的问题 ……………………………（137）

第五章　园林植物规划设计与施工 ……………………（139）

一、园林绿化工程建设程序 ………………………………（139）

二、园林植物景观规划目标 ………………………………（140）

三、园林植物景观设计原则 ………………………………（141）

（一）自然性 ………………………………………………（141）

（二）地域性 ………………………………………………（141）

（三）多样性 ………………………………………………（142）

（四）指示性 ………………………………………………（142）

（五）时间性 ………………………………………………（142）

（六）经济性 ………………………………………………（142）

四、植物景观规划程序 ……………………………………（142）

（一）现状分析 ……………………………………………（143）

（二）概念及详细规划 …………………………………（144）

（三）方案设计 ……………………………………………（146）

（四）初步设计 ……………………………………………（147）

（五）施工图设计 …………………………………………（147）

（六）设计的现场调整 ……………………………………（149）

（七）预算编制 ……………………………………………（149）

五、园林植物种植施工 ………………………………………（150）

（一）种植前的准备 ………………………………………（150）

（二）场地平整 ……………………………………………（152）

（三）土壤改良 ……………………………………………（152）

（四）施工放样 ……………………………………………（158）

（五）乔灌木的栽植 ………………………………………（161）

（六）大树移植 ……………………………………………（165）

第六章　园林植物造型与养护管理 …………………………（168）

一、园林植物的整形修剪 ……………………………………（168）

（一）整形修剪的作用 ……………………………………（169）

（二）整形修剪的原则 ……………………………………（169）

（三）整形修剪的时期 ……………………………………（171）

（四）修剪的方法 …………………………………………（174）

（五）整形修剪的程序 ……………………………………（177）

二、园林植物的造型 …………………………………………（179）

（一）造型类型和方法 ……………………………………（179）

（二）造型的植物材料分类 ………………………………（180）

（三）园林植物的造型方向 ………………………………（181）

（四）绿篱的整形与修剪 …………………………………（182）

（五）园林植物保护的技术措施 …………………………（183）

三、园林植物的肥水管理 …………………………………（184）

（一）园林植物的施肥管理 ………………………………（184）

（二）园林植物的水分管理 ………………………………（190）

（三）园林花卉的管理 ……………………………………（194）

（四）草坪的养护管理 ……………………………………（196）

四、园林植物病虫害防治 …………………………………（200）

（一）园林害虫概述 ………………………………………（200）

（二）园林病害概述 ………………………………………（201）

（三）螨类概述 ……………………………………………（204）

（四）园林植物病虫害综合治理 …………………………（205）

（五）园林植物病虫害综合治理方法 ……………………（206）

五、园林植物养护工作年历 ………………………………（219）

参考文献 ……………………………………………………（226）

第一章
园林植物应用概述

以植物为主的现代园林已成为世界园林发展的新趋势。植物除了能为人类创造优美舒适的生活环境,更重要的是能创造适合于人类生存的生态环境,改善环境质量,增强生态系统服务功能,提供更多更优的生态产品,满足人民群众享有良好生态环境的新期待。在当前快速工业化、城市化的背景下,城市居民离自然越来越远,对生态环境有巨大需求。在推进生态文明、建设美丽中国进程中,风景园林行业面临新的发展机遇,加强对园林植物的应用以及相关养护措施的关注不仅能令城市更加美丽,还有助于保护城市植物与生物多样性,实现美丽中国梦。

一、园林植物相关概念

1. 园林植物 通常指绿化效果好,观赏价值高,适用于园林绿化的植物材料。园林植物主要包括木本和草本的观花、观叶或观果植物,适用于园林绿地和城市林地的防护植物与经济植物,以及室内装饰用花卉植物。园林植物是风景园林建设中最重要的材料。

2. 生物多样性 是指地球上各种各样的生物及其与环境形成的生态复合体,以及与此相关联的各种生态过程的多样性的总和。一般来说,它体现在基因、物种、生态系统和景观 4 个层次,也就是说,包括所有的植物、动物、微生物种(物种多样性)和它们的遗传信息（基因多样性）和生物体与生存环境一起集合形成的不同等级的复杂系统。生物多样性是生命最突出的特征之一，有机体的种类、形态，它们之间的相互依存与对抗都是生物多样性的具体表现。生物从各个高级分类阶层到种，乃至同一物种的不同居群、同一居群的不同个体，都各有特征，互不相同，形成了自身的独特性，独特性组成多样性，多样性是独特性之和，多样性存在于生物界的每一层次。对物种濒危机制及保护对策的研究，栽培植物及其野生近缘种的遗传多样性研究，生物多样性保护技术与对策等领域是生物多样性研究的一些热点。生物多样性是一个国家的战略资源，提供对付已有的环境变化和将来未知的变化的办法。

3. 植物多样性　植物多样性是生物多样性的一部分。作为自然界的第一生产者，植物是生态系统中物质循环与能量交换的枢纽，决定着生态系统的平衡和稳定。植物多样性是保持水土和促进能量流动、物质循环的重要因素，也是生物多样性的前提和保障。虽然植物多样性只是生物多样性的一部分，但它同样涵盖了遗传、物种、生态系统和景观多样性等多个层次。为保护植物多样性，应当尽可能多地应用植物种类，充分利用植物种的变种、变形等植物材料，提高植物分类群（科、属、种）的丰富度和植物遗传多样性水平；同时，在整体上构成景观或生态系统在结构、功能等方面的多样化或变异性。

生物多样性保护对于城市园林绿化来说有着重要的意义。首先，生物多样性是促进城市绿地自然化的基础，也是提高绿地生态系统功能的前提；其次，生物多样性能充分反映出城市园林绿化的地方特色，通过城市绿化中乡土植物的应用，代表着本区域类型的植物群落和生态系统，可以营造丰富的景观效果，满足人们的审美要求，显示城市的风貌特征和地域特色，植物多样性不仅是丰富城市生态园林景观的基础，多样性的植物群落还具备抗拒外部影响的能力，而单调的生态系统和群落易遭受自然灾害的侵袭，显得十分脆弱。同时，生物多样性的保护与重建，可以改变人类对自然的传统观念和索取的方式，确立人与自然共生共荣的关系，从而为城市的可持续发展做出贡献。

4. 园林植物配置　按园林布局的要求，根据植物本身的生态习性、观赏特点等合理地种植园林中的各种植物（乔木、灌木、草本及花卉、地被植物等），以发挥它们的生态服务功能和观赏特性，给人以美的享受。一般来说，园林植物的配置主要包括两个方面：一是各种植物相互之间的配置，主要考虑植物种类的选择、树丛的组合，平面和立面的构图、色彩、季相以及意境，形成植物群落，构成植物景观；另一方面是园林植物与其他造园要素如山石、水体、建筑、园路等相互之间的配置。园林植物配置是风景园林工程的基础，其生态环境效益、景观效果和艺术水平与植物配置有着密切的关系。园林植物配置的造景功能是多方位的，既可表现时序景观，形成空间变化；也可单独创造观赏景点或烘托建筑、雕塑；还可营造意境，形成独特的地域文化景观特色。

风景园林中植物配置的质量是评价城市环境优劣的最直观、最显著的要素之一。园林绿化中，一般来说，植物景观所占的空间比例是最大的，优秀的植物配置所形成的景观无论在哪里都可能成为一个符号或者标志，同城市中显著的建筑物或雕塑一样，可以记载一个地区的历史，传播一个城市的文化。植物景观给人们提供了文明、健康、舒适的工作与生活环境，使人的身心在紧张的工作、生活节奏中得以调整、舒缓。如武汉大学的樱花，上海淮海路上的悬铃木，以及乡土村落中的风水林、风水树等都是体现地区文明的象征。杭州"西湖十景"中约有一半是植物成景，而且这些优秀的植物配置并不比一些人工建筑物的效果逊色；青岛"八大关"内每一条道路都有一种不同的植物作为代表，韶关路的碧桃，山海关路的法国梧桐，紫荆关路的雪松等形成"一关一树、关关不同、路路花不同"的植物景观特色。国外如美国旧金山的九曲花街，长木花园（Longwood Garden）的精美园艺都是引以为

傲的秀美景观。要创作"完美的植物景观,必须具备科学性与艺术性两方面的高度统一,既满足植物与环境在生态适应上的统一,又要通过艺术构图体现出植物个体与群体的形式美,以及人们在欣赏时所产生的意境美"。

5. 园林植物造型 园林植物造型融园艺学、文学、美学、雕塑、建筑学等艺术于一体,通过独具匠心的构思、巧妙的技艺,结合栽培管理、整形修剪、搭架造型,创造出美妙的艺术形象,体现并能满足人们对美好环境的追求。优美的园林植物造型具有很高的观赏价值。园林植物造型形式空间上可分为平面和立体造型,取材上可分为具象和抽象造型,组织形式上可分为单独造型和组合式造型等。

6. 本地植物 经过长期的自然选择和物种演替后,对某一特定地区有高度生态适应性的植物,具有抗逆性强、资源广、苗源多、易栽植等特点;不仅能够满足当地城市园林绿化建设的要求,而且还代表了一定的植被文化和地域风情。

7. 地带性植被 又称显域植被。分布在"显域地境"、能充分反映一个地区气候特点、环境特点(特别是水分和热量)的植被类型。地带性植被体现出三维空间规律性,类型表现为纬度地带性、经度地带性和垂直地带性。沿纬度方向呈带状发生有规律的更替,称为纬度地带性,纬度地带性植被如热带雨林、亚热带常绿阔叶林、温带落叶阔叶林、寒温带针叶林等;从沿海向内陆方向呈带状发生有规律的更替,称为经度地带性。纬度地带性和经度地带性合称水平地带性。随着海拔高度的增加,气候发生有规律的变化,植物也发生有规律的更替,称为垂直地带性。从山麓到山顶,由于海拔的升高,出现大致与等高线平行并具有一定垂直幅度的植被带,其有规律的组合排列和顺序更迭,表现为垂直地带性。

8. 潜在自然植被 是指在植被受破坏的地区,其所有的演替系列不受人为干扰,而且都在现有的气候与土壤条件(包括被人工所创造的那些条件)下将会发展起来的与受破坏前相似的原生性植被。因为它并不存在,只是从现有植被的知识推断其发展的趋势,故称"潜在"的。

9. 近自然园林(植物) 尽可能地保留原生状态的自然植物群落,或在充分掌握当地自然群落构成和演替规律以植被景观特征的基础上,"模拟"自然植物群落和地域植被景观的特征。

近年来,城市绿化工作过分追求"一次成型"的视觉美感和景观功能,忽略了植被的生态功能,大量绿地出现了功能单一、稳定性差、易退化、维护费用高等问题。相关研究表明,模拟自然植物群落、恢复地带性植被是解决上述问题的重要途径之一,用这种方法可以构建出结构稳定、生态保护功能强、养护成本低、具有良好自我更新能力的植物群落。在城市园林绿地中模拟自然植物群落、恢复地带性植被应采取最大多样性的方法,即尽可能地按照该生态系统退化以前的物种组成及多样性水平种植植物。在恢复地带性植被时,应大量种植演替成熟阶段的物种、忽略先锋物种、首选乡土树种,构建乔、灌、草复合结构,抚育野生地被。城市中模拟恢复地带性植物群落不仅能扩大城市视觉资源,创造清新、自然、纯朴的城市园林景观,而且具有保护生物多样性和维护城市生态平衡的生态效应。

二、园林绿化的功能与作用

绿色为植物所固有,它蕴藏着无限生机,是地球生物圈的灵魂。在布满钢筋水泥的城市环境中,绿化植物更是城市生态系统中的唯一生产者,不但具有美化环境、陶冶情操的景观、娱乐功能,还具有保护环境、改善环境、防灾减灾等重要作用。

(一)美化环境

城市植物是城市景观的重要组成部分。春花绚烂、夏日绿荫、秋桂飘香、傲雪寒梅,植物无疑是城市绿化的主体,是形成城

市景观的基础,给人以美的享受。

1. 个体之美 不同的城市植物具有不同的生态和形态特征。它们的干、叶、花、果的姿态、大小、形状、质地、色彩和物候期各不相同,表现出不同的色彩美、形态美和香气美。

2. 群落之美 自然界植物的分布不是凌乱无章的,而是遵循一定的规律而集合成群落,每个群落都有其特定的外貌。中国地域广大,地理情况差异显著,植物种类繁多,富于地域特色的植物群落是构成城市独特风貌的基础要素。

3. 意境之美 人们在欣赏植物花卉时常进行移情和联想,将植物情感化和人格化,中国古典诗词中有大量植物人格化的优美篇章,以"十大名花"为代表的许多植物在民俗文化中都被人格化了。如传统的松、竹、梅配植称为"岁寒三友";杨柳依依,表示惜别;桑表示家乡等;皇家园林中常用玉兰、海棠、迎春、牡丹、桂花象征"玉堂春富贵",各个城市的市树、市花也是城市精神的象征。

(二)改善环境

1. 供氧吸碳 城市植物的最大的功能是通过光合作用制造氧气并吸收二氧化碳。因此,城市植物是空气中二氧化碳和氧气的"调节器",避免了因城市人口多、工业集中、二氧化碳排放量大、氧气减少给人们身体健康带来的危害。植物是二氧化碳的主要消耗者,城市植物是城市的重要"碳汇",在全球应对气候变化中的作用和地位将变得越来越重要。

2. 调节气候 在炎热的夏季,树木和草坪庞大的叶面积可以遮阳,有效地反射太阳辐射热,大大减少阳光对地面的直射;树木通过叶片蒸发水分,以降低自身的温度,提高附近的空气湿度,夏季绿地内的气温较非绿地低 3℃～5℃,林荫道下与无树荫的对比区域温度降低近 4℃,而较建筑物地区可降低 10℃左右。城市植物对于缓解城市"热岛效应"起着极为重要的作用。

3. 净化空气 城市植物是净化大气的特殊"过滤器"。叶面粗糙带有分泌物的叶片和枝条,很容易吸附空气中的尘埃,经过雨水冲刷又能恢复吸滞能力。在一定浓度范围内,城市植物对二氧化硫、甲醛、氮氧化物、汞等有害气体具有一定的吸收和净化作用。植物还具有吸收和抵抗光化学烟雾等污染物的能力。

4. 净化水体　许多水生植物和沼生植物对净化城市污水有明显作用。城市中越来越多地建造人工湿地污水处理系统,广泛用于处理生活污水和各种工农业废水。污水进入土壤或水体后,通过绿色植物的吸收、土壤微生物的降解以及土壤的吸附、沉淀、离子交换、黏土矿物固定等一系列过程而得到净化。

5. 减弱噪声　绿化树木的庞大树冠和枝干,可以吸收和隔离噪声,起到“消声器”作用。在沿街房屋与街道之间,如能有一个5～7米的树林带,就可以有效减轻机动车噪声。

6. 杀灭细菌　很多城市植物的根、茎、叶、花等器官能分泌“植物杀菌素”,可以杀死微生物和病菌或抑制其发展。樟、楠、松、柏、桉树、杨树、丁香、山茱萸、皂角、苍术、金银花等都含有一定的杀菌素。如丁香开花时散发的香气中,含有丁香油酚等化学物质,具有较强的净化空气和杀菌能力。据测定,绿树成荫的植物园内每立方米空气中的含菌量只有车站等闹市区的2%;人流量大的百货商店内空气中细菌数高达400万个/米^3,而公园内仅1 000个/米^3。

7. 保持水土　降雨时,雨水首先冲击树冠,然后穿过枝叶落地,不直接冲刷地表,从而减少地表土流失;同时,树冠本身还能积蓄一定数量的雨水。此外,树木和草本植物的根系能够固定土壤,而林下往往又有大量落叶、枯枝、苔藓等覆盖物,既能吸收数倍于自身的水分,也有防止水土流失和减少地表径流的作用。

8. 维持生物多样性　园林植物构成的绿地是维持和保护生物多样性的重要场所,是生物保护的“图书馆”,为动物和微生物提供了适宜的栖息地,为提高城市生物物种的丰富度,创建人与自然和谐的生态环境创造了有利条件。

（三）愉悦身心

园林植物具有调节人类心理和精神的功能，公园绿地被称为"绿色医生"。绿色能调节人的神经系统，吸收强阳光对眼睛有害的紫外线，加上对光线反射较弱，色调柔和，所以能安宁中枢神经及消除视觉疲劳。除此之外，绿化环境还能使人的体温下降，呼吸慢而均匀，血流减缓，心脏负担减轻，有利于身体健康。

（四）防灾减灾

相对于城市建筑与基础设施等"硬件"环境而言，城市绿地是具有防灾减灾功能的重要"柔性"空间，具备了防灾避难的潜能。突发性灾害发生时，居民可迅速疏散到绿地中，如1976年在唐山地震波及影响中，北京有15处400多公顷的公园绿地，疏散了20多万居民。此外，许多城市植物树木具有强大的防火功能，可阻挡火源发出的大部分辐射热，不让它灼热点燃周围物体。如珊瑚树的叶片全部烧焦时，也不会发生火焰，它可阻挡热量的80%～90%，其作用可与避火墙相媲美。北方城市的风沙、沙尘暴，沿海城市的海潮风、风暴等灾害常常给城市带来巨大损失，而城市防护林带可以有效地阻止大风的袭击。

三、同质化背景下的城市植物多样性保护

城市化对植物多样性的影响是当前城市生态学关注的焦点和热点之一。欧洲、北美、日本、澳洲等发达国家已有很多研究，但在发展中国家还比较缺乏。近年来，我国在城市化对植物多样性影响方面的研究也日益增多，主要包括以下方面：

第一，城市植物多样性现状的调查分析，包括对城市植物种类、引种植物及乡土植物种类与分布的基础调查。

第二，城市植物多样性理论探讨。一是对城市植物多样性分

布格局特征的探讨,主要围绕外来物种和乡土物种在城市—郊区—乡村的梯度变化和各种用地类型之间的不同分布;二是植物多样性丧失的内在机制研究,主要从人为引入外来物种、小生境的改变,以及景观格局的变化和干扰理论等方面进行研究;三是利用统计学方法对城市植物多样性进行分析研究及对研究方法的探讨。

第三,实践应用方面,包括各地植物多样性保护规划及植物物种的应用、群落配置和保护策略;乡土树种在城市绿化和市区中的应用,重视城市园林苗圃建设,加强政策机制研究等。目前生态学家的研究主要集中在物种数量和多样性的类型,近几年研究方向开始向城市生态机理、物种间相互作用、基因和系统进化等方面拓展。生物同质化现象与发展趋势是城市植物多样性保护面临的新的挑战。

(一)城市化对城市植物多样性的影响

1. 城市化引起城市生物同质化　城市是以人类为中心的生态系统,所以城市主要是为了人类的需要而建造,同当地的自然环境相比,城市是通过输入巨大的能源流和物质流而维持在一种不平衡的状态中,当城市在地球上蔓延时,各城市首先在物理环境上趋于同质化。同质化的物理环境选择性地淘汰城市不适应型的生物种群,从而使城市适应型的种群在全球的城市中扩散并定居,导致了各个城市的生物同质化程度上升。生物同质化是指特定时间段内两个或多个生物区在生物组成和功能上的趋同化过程,包括遗传同质化、种类组成同质化和功能同质化 3 个方面。同时,城市化促进不同地域之间的交通连结,这也为外来物种定居提供了机会,如人类活动为了育种,饲养宠物及其他目的,以及在运输过程中也可能附带引入了外来物种,其中部分外来物种逐渐适应城市环境,在城市中定居,而本地物种多聚集在市郊或城市边缘地带。因此,城市化是导致同质化的主要原因,城市化导致的城市物理环境的同质化，加上外来物种的引入，进而导致各个城市的生物同质化程度上升。

同质化有两种测算方法，一种是同一地区随时间推移的本地物种损失数目和本地物种损失率，以及外来物种增加数量，另一种是与城市中心不同距离处本地物种和外来物种占现有物种总数的百分比。对这两种同质化的研究都发现，本地植物物种损失率和外来物种数量和丰富度及所占比重均随城市化程度加深而增大。此外，外来植物物种所占比例和丰富度还随城市的规模及人口数量的增大而增加。

城市化也是物种灭绝的主要原因之一。一是由于城市化导致用地类型的改变从而导致植物城市栖息地的消失，因为城市化对于生物栖息地的改变通常是十分剧烈的，大片的土地正在以前所未有的利用方式被铺平和做各种用途，超过了砍伐、传统农耕等对生物栖息地带来的改变；二是由于农业集约化带来的栖息地恶化。城市化占用了大量的土地，使大量的非城市用地变成城市用地，从而使较少的农业用地承担更大的养活城市人口的负担，导致农业用地集约化，用地强度增大，使城市周围地区的植物栖息地环境恶化、改变甚至消失，如城市周围的湿地、森林、草原，由于农耕用地的需要而转化为耕地。城市化不仅破坏了本地物种的栖息地环境，同时也为相对较少的城市适应型物种创造了适合它们生存的栖息地环境，这个根除乡土物种的过程同时也是外来物种定居和替代乡土物种的过程，也就是生物同质化的推进过程。这个过程的结果通常是外来物种的进入丰富了当地的生物多样性，但由于导致了当地稀缺物种的灭绝，最终降低了全球的生物多样性，其中土地使用类型的改变是影响全球生物多样性的最主要因素。因此，城市化促进了生物同质化的同时也促进了物种灭绝和生物多样性的减少。

2. 城市化进程中社会、经济因素对植物多样性的影响 社会经济因素会影响城市植物多样性。城市化使城市中心及城市周围的植物多样性的空间分布反映了社会、经济和文化倾向，而不是反映了传统的生态学理论。调查发现，植物多样性与距离城市中心的远近、现在及以前的土地使用类型、家庭收入和房屋年龄有关。可用"奢侈效应"来解释财富与植物多样性之间的关系，即拥有的财富越多，其拥有的景观与植物多样性也越丰富。财富与植物多样性的这种正相关关系非常有趣，因为这种正相关关系似乎很好地反映了环境的质量与社会经济地位或城市生态系统中人类资源丰富性之间的关系，这种联系又受到教育、行政管制、文化等的影响。

3. 城市生物多样性保护面临的挑战　城市生物同质化对于保护生物多样性的巨大挑战主要来自以下两个方面：一是城市化导致外来物种的侵入和本地物种的消失，从而导致世界城市范围内物种的同质化；二是城市化过程中人类对待自然的态度。因为很多人居住在城市里，城市里的大量物种是非本土的，这就导致城市居民日益脱离了与本地土著物种及其自然生态系统之间的联系，因此要教育和说服公众去保护他们不熟悉、没有情感联系的本地物种多样性将会更加困难。

（二）城市植物多样性保护途径

城市植物多样性保护是城市生态环境建设的重要质量指标，针对同质化趋势、外来物种入侵、乡土物种消失及城市化相关的社会经济因素的影响，需要重视基础研究；加强制度建设、健全机制；推进"近自然"群落建设；重视并加强城市园林苗圃建设，积极协同园林植物科研所、植物园等有关单位开展园林植物的引种、驯化工作，为城市园林植物的多样性提供必要的苗木来源；多学科多部门间协调及公众参与等方面工作。

第二章
园林植物的特性与分类

　　园林植物泛指所有能由人工栽培、具观赏价值的植物,是园林树木和园林花卉的总称。园林植物资源是植物造景的基础,中国园林植物资源丰富,仅种子植物就超过 25 000 种,其中乔灌木种类约 8 000 多种。很多著名的园林植物以我国为分布中心,中国的园林植物资源对世界园林做出了突出贡献,是公认的"花卉王国"和"世界园林之母"。

　　英国造园家克劳斯顿(B.Clauston)提出,园林设计归根结底是植物材料的设计,其目的就是改善人类的生态环境,其他的内容只能在一个有植物的环境中发挥作用。一个风景园林设计师对植物相关知识了解的程度是决定其作品水平的最关键因素。一个优秀的园林作品,首先应该保障所种植物健康成长,适宜的生长环境设计包括总体布局、植物选择、植物配置、种植方式、土壤质量、苗木要求、种植要求等。

　　如此繁多的园林植物不仅形态各异,对环境条件的要求、生活习性等也各不相同。因此,园林植物配置的基础,首先需要对园林植物的分类有大致了解。

一、园林植物形态特征

　　形态特征分类是将园林植物按照生活型分为草本花卉和木本植物。其中,草本花卉又可分为一二年生、多年生宿根与球根、仙人掌及肉质多浆类、水生花卉等;木本植物又可分为乔木、灌木、藤本等。结合实际应用,一般将园林植物分成乔木、灌木、草本花卉、藤本植物、草坪以及地被植物 6 种类型。

乔木体量大,主干明显,因高度之差常被细分为 3 类:即小乔木(高度 5～10 米)、中乔木(高度 10～20 米)和大乔木(高度 20 米以上)。乔木的景观功能都是作为植物空间的划分、防护、围合、屏障、装饰、引导、遮阴以及美化作用。小乔木高度适中,最接近人体的仰视视角,因此成为城市绿色空间中的主要构成树种。中乔木具有包容中小型建筑或建筑群的围合功能,能"软化"城市空间中的硬质景观结构,把城市空间环境协调为一个整体。大乔木的城市景观应用多在特殊环境之下,如点缀、衬托高大建筑物或创造明暗空间变化,引导游人视线等。乔木中也不乏美丽多花的品种,如白玉兰、木棉、凤凰木等,其成林或单个植株都是景观。乔木是园林绿化植物中的骨架和生态与防护林的主体,其遮阳作用也十分重要。

灌木主干不明显,比较矮小,常由基部分枝。灌木多以花和叶为主要景观要素,常分为常绿灌木、落叶灌木、花灌木、观果灌木、芳香灌木、篱墙灌木、喜阴灌木、容器灌木等。传统园林植物配置中,灌木起着美化、修饰、围合、屏蔽和隔离作用。小型灌木因其高度在视线以下,在空间尺度最具亲近感,在空间设计上具有形成矮墙、篱笆兼具护栏的功能,对空间中的行为活动与景观欣赏有重要影响;而且由于视线的连续性,加上光影变化不大,从功能上易形成半开放式空间,通常这类植物材料被大量应用;高大灌木也因其高度超越人的视线,所以在景观设计上主要用于景观分隔与空间围合,对于小规模的景观环境来说,则用在屏蔽视线与限定不同功能空间的范围上。大型的灌木与乔木结合常常是限定空间范围、组织较私密性活动的应用组合,并能对不良外界环境加以屏蔽与隔离。

草本花卉的主要观赏及应用价值在于其种类(品种)与色彩

的多样性,而且其与地被植物结合,不仅能增强地表的覆盖效果,还能形成独特的平面构图。大部分草本花卉的视觉效果通过图案的轮廓及光线对比效果表现,这类植物在应用上重点突出体量上的优势。草本花卉植物配置没有在"量"上的积累,就不会形成植物景观"质"的变化。为突出草本花卉量与图案光影的变化,除利用艺术的手法加以调配外,辅助的设施手段也是非常必要的。在城市园林景观中经常采用的方法是花坛、花台、花境以及花带、悬盆垂吊等,以突出其应用价值和特色。

藤本植物多以墙体、护栏或其他支撑物为依托,形成竖直悬挂或倾斜的竖向平面构图,使其能够较自然地形成封闭与围合效果,并起到柔化附着体的作用。

草坪和地被植物具有相同的空间功能特征,即对人们的视线及运动方向不会产生任何屏蔽与阻碍作用,可构成空间的自然连续与过渡,是园林绿地的底色。草坪原为地被的一种类型,因为现代草坪的发展而使其单独分类,是指由人工铺植草皮或播种草籽培养形成的整片密植、并经修剪的绿色地面。地被植物是指某些有一定观赏价值,铺设于大面积裸露平地或坡地,或适于阴湿林下和林间隙地等各种环境覆盖地面的多年生草本和低矮丛生、枝叶密集或偃伏性或半蔓性的灌木以及藤本。按植物学定义,只要和地表接近,生长高度在60厘米以下的草本植物均属于地被。实际实用中,也可将地被植物的高度标准定为1米,有些植物在自然生长条件下,植株高度超过1米,但是它们具有耐修剪或苗期生长缓慢的特点,通过人为干预,可以将高度控制在1米以下,也视为地被植物。地被植物不像草坪草那么娇贵,生长条件要求不高,适应性强,养护费用少,效果好,受到广泛重视。

在营造城市园林景观时,需综合考虑园林植物的各种特征,乔木、灌木、草本花卉、藤本植物、草坪和地被各自发挥其作用,以适应不同的园林需要,充分发挥园林植物的特点,不能相互替代,更不能对立,营造出优美的园林景观,美化、净化环境,给人们提供舒适的生活环境。

二、园林植物系统分类

1. 物种的概念 物种又简称为种,种是自然界中客观存在的一种类群,这个类群中的所有个体都有着极其相似的形态特征和生理、生态特性,个体之间可以自然交配产生正常的后代而使种族延续,它们在自然界中占有一定的分布区域,人们将这种客观存在的类群称为种。作为分类的基本单位,种具有相对稳定性的特征,但它又不是绝对固定、一成不变的,它在长期的种族延续中是不断地产生变化的。分类学家根据差异大小,又将种下分为亚种、变种和变形。亚种是种的变异类型,这个类型在形态构造上有显著变化,在地理分布上也有较大范围的地带性分布区域,如红粘毛杜鹃(亚种)、可喜杜鹃(亚种)、半圆叶杜鹃(原亚种)。变种是种的变异类型,这个类型在形态构造上也有显著变化,但没有明显的地带性分布区域。变形是指在形态特征上变异较小的类型,如花色不同,花的重瓣、单瓣,毛的有无,叶面上有无色斑等。

2. 品种 在种(原种)的基础上,经过人工选择、培育而形成遗传性状比较稳定、种性大致相同、具有人类需要的性状的栽培植物群体。品种原来并不存在于自然界中,而纯属人为创造出来的,因此品种是一种生产资料,是人类进行长期选育的劳动成果,是种质基因库的重要保存单位。植物新品种,是指经过人工培育的或者对发现的野生植物加以开发,具备新颖性、特异性、一致性和稳定性并有适当命名的植物品种。

按照植物分类学分类,这种分类方法就是按照界、门、纲、目、科、属 种的等级,将植物按照亲缘关系的远近进行分类。这种方法是植物科学研究上的应用方法,又叫系统分类法。

3. 植物命名的"双名法" 每一种植物,各国有不同的名称,即使在同一个国家内各地的叫法也常不同,例如玉兰(*Magnolia* *denudata*），在湖南叫应春花，四川叫木花树，浙江叫望春花。由于植物种类极其繁多，名称不一，所以经常发生同名异物或同物异名的混乱现象。为科学上的交流和生产上利用的方便，规定双名法是为植物命名的标准，物种名由两部分构成：属名和种加词。属名须大写，种加词则不能。在印刷时使用斜体，手写时一般要加双下划线。双名法规定用2个拉丁字或拉丁化的字作为植物的学名。头一个字是属名，第一个字母大写，第二个字是种名。这两部分作为一种植物的学名，但完整的学名要求后边有命名人的姓氏缩写，一种植物只能有一个合法的名称，其他名称都作为异名。例如银杏的学名为 *Ginkgo biloba* Linn.，月季的学名为 *Rosa chinesis* Jacq.。植物的双名法是指国际上规定的植物命名法，因此严谨的园林植物配置需要用拉丁名标注。

三、园林植物的观赏特性分类

园林植物的观赏价值由它的体形、枝叶、花、果实及香气等因素构成，园林植物的观赏特性是指凡能引起人的感官或联想获得美感的特性，体现在色彩美、形态美、芳香美、感应美、意境美等方面，园林植物的观赏特性是形成园林美的物质基础。

（一）观形植物

形态是植物形状、外形轮廓、体量、质地、结构等外貌特征的综合体现，不同形态的树木给人以不同的心理感觉。树木的形状和姿态是园林造景的基本因素之一，各种不同形状的树冠，经过精心的选择和配置，就会产生丰富的层次感和韵律感，构成美丽生动、协调的画面。如垂柳能给人以温柔细腻之感，容易形成优雅婀娜的风韵；而松树则以苍老古雅，给人高洁之感；为了加强小地形的高耸感，可在小土丘的上方种植长尖形的树种，在山基栽植矮小扁圆形树木，借树形的对比来增加土山的高耸之势，柱状狭窄的树冠具有高耸挺拔的效果,扁圆矮生的树形给人以敦厚浑圆的印象;为了与远景联系并取得呼应,可在广场后方种植树形高大的乔木,这样可以在强调主景的同时又引出新的层次。不同树种的树形和树姿,主要由遗传决定,但也受整形修剪等外界人为与环境因素的影响。在具体的绿地配置中,应根据人们的喜爱、构图需要以及与周围建筑协调等原则来考虑选择各种树形的树种。树木的形状除了分为乔木、灌木类,根据其自然生长的姿态,可以分为以下类型。

1. 尖塔形 其枝条从基部向上逐渐变短变细,犹如塔状层次,常见树种如雪松、水杉、云杉、冷杉、南洋杉等。

2. 圆锥形 树干直立,主枝向上斜伸、树冠紧凑丰满,外形如长圆锥形,常见树种如落叶松、落羽松、圆柏、侧柏、七叶树、水杉、毛白杨等。

3. 倒卵形 主干较短,至上部也不突出,主枝向上斜伸,树冠丰满,如深山含笑、千头柏、香樟、广玉兰等。

4. 圆柱形 树形挺直,如圆柱状,常见树种如龙柏、桧柏、铅笔柏、中山柏、黑杨、加杨等。

5. 平顶伞形 如槲树、合欢、榆树、槐树等。

6. 卵圆形 桧柏(壮年期)、梧桐、核桃、白皮松、悬铃木、西府海棠、木槿、玉兰等。

7. 圆头形 元宝枫、臭椿、栾树、馒头柳等。

8. 圆球形 七叶树、栗树、银杏、杜仲、黄刺玫、栾树、红叶李等。

9. 匍匐形 枝叶匍地,常见树种如铺地柏、迎春等。

10. 丛生形 玫瑰、夹竹桃、榆叶梅等。

11. 拱枝形 金钟花、连翘、垂枝碧桃、石榴等。

12. 伞形 龙爪槐、垂枝榆等。

13. 棕榈形 棕榈、蒲葵、加拿利海枣、酒瓶椰子、槟榔等。

14. 风致形 主枝横斜伸展,如油松、枫树、梅花等。

15. 攀援形　如金银花、紫藤、葡萄、凌霄等攀援植物。

除了各种天然生长的树形外,对枝叶密集和不定芽萌发力强的树种,可采用修剪整形使树木获得特定的树形,如枝叶密集的小叶黄杨、冬青卫矛、小叶女贞、毛叶丁香、桧柏等,可修剪成球形、立方形、梯形;种成绿篱的树种,可修剪成圆弧形、立方形等。植物姿态随其年龄、季节而变,要注意抓住其最佳景观效果的时期;不同植物姿态在人的心理感觉上的轻重不同,规则者重、自然者轻;欲表现单株,不宜同类或同姿态植物栽在一起,欲表现群体则种类不可过多,姿态可以近似。

(二)观叶植物

各种园林植物的叶片有千变万化的差异。叶片的形状、大小、质地、颜色都有不同的观赏特性,尤其是叶色更为突出。树木的叶色构成园林景观中最基本、最经常的色调。不同树种的叶片,其绿色深浅不一。植物叶色的季相变化最为强烈,引人注目,多数树木春叶嫩绿,夏叶深绿或灰绿,秋叶黄色、紫红色或红色。根据叶的色彩,园林植物可分为:

1. 绿色类　深浓绿色叶色,如油松、圆柏、雪松、云杉、侧柏、山茶、小叶女贞、桂花、槐、榕、毛白杨、构树等;浅淡绿色叶色,如水杉、落羽松、地肤、白兰、金钱松、七叶树、鹅掌楸、玉兰等;常绿阔叶树一般是深绿色和黄绿色,常绿针叶树通常是深绿色。

2. 四季观叶的常绿树种　如雪松、金钱松、五针松、罗汉松、千头柏、竹柏、洒金柏、黑壳楠、野黄桂、刨花楠、深山含笑、金叶含笑、桂花、棕榈、棕竹、蒲葵、龙舌兰、橡皮树、木麻黄、女贞、蚊母、桃叶珊瑚、枸骨、八角金盘、十大功劳、胡颓子、月桂、含笑、杨梅、金心黄杨、金边黄杨等。

3. 春色叶类及新叶有色类　如臭椿、五角枫的春叶呈红色,黄连木春叶呈紫红色等。

4. 秋色叶类　凡在秋季叶片有显著变化的树种,均称为"秋色叶树"。秋季呈红色或紫红色类，如鸡爪槭、五角枫、茶条槭、枫香、地锦、小檗、樱花、盐肤木、黄连木、柿、南天竹、花楸、乌桕、石楠、卫矛、山楂、红槲、黄栌、南蛇藤、红栎、乌饭树、槭类、火炬树、五叶地锦、元宝枫、鹅耳枥、爬山虎等；秋叶呈金黄色或黄褐色类，如银杏、白蜡、鹅掌楸、加拿大杨、柳、榆、梧桐、白桦、无患子、复叶槭、紫荆、栾树、悬铃木、水杉、落叶松、金钱松、柿树、核桃、山核桃、楸树、紫薇、椰榆、楠树、挪威槭、银白槭、软枣猕猴桃、七叶树、水榆花楸、水青岗、扁核木、加拿大紫荆、黄香槐、金缕梅、澳洲金合欢等。秋色叶的形成，提高了园林植物的观赏价值。

5. 彩叶植物　彩叶植物是指在生长季节可以较稳定地呈现非绿色（排除生理、病虫害、栽培和环境条件等外界因素的影响）的植物。通常其叶片呈现红色、紫红色、金黄色等色彩而具有较高观赏价值。当传统的常绿植物无法满足构建富有内涵的多层次景观的需要，彩叶植物由于可以丰富构图，调整园林色彩，形成艳丽多变的季相景观，可弥补城市淡花季节色彩单调的缺憾，因而逐渐成为具有优势的造景植物。彩叶植物的分类如下。

（1）按叶色呈现季节分类

①**春色叶类**　这类植物春季新长出的嫩叶具有艳丽色彩，叶片色彩的变化主要是基于生理因素和环境温度变化。这类植物一般是落叶植物，在秋天叶色也会发生变化，也属于秋叶类。春叶类植物的嫩叶萌发时，宛如鲜花盛开，与初春的灰暗荒凉形成鲜明对比，观赏价值极高。常见的植物有：臭椿、五角枫、黄连木、红叶石楠、黄花柳、卫矛等。

②**秋色叶类**　这类植物大多为落叶植物，在秋天落叶前叶色常发生显著变化，主要有红、黄两种叶色，呈色为红色或紫色。色彩变化的主要成因是秋季温度较低，叶绿素净含量下降，而类胡萝卜素类和花色素苷的稳定性较好。秋叶类植物种类众多，由于其秋叶期长、色彩浓艳，深受人们的喜爱，在园林绿化中应用有相当长的历史。常见的植物有：枫香、乌桕、元宝枫、山杜英、漆树、

石楠、梧桐、悬铃木、银杏等。

③常色叶类 这类植物叶片在生长季节内常年保持彩色,色彩的变化主要是由于遗传变异形成的。色彩十分丰富,如红叶类的有红花檵木、红乌桕、紫红鸡爪槭等;黄叶类的有黄金槐、金叶女贞、金叶小檗、金线柏等;紫叶类的有紫叶李、紫叶桃等。

(2)按叶片上的色彩分布分类

①单色叶类 这类植物叶片仅呈现一种色彩,如红花檵木、紫叶李等。

②双色叶类 这类植物叶背为彩色或密被彩色茸毛、蜡层,与叶面颜色显著不同,如紫背桂(叶背为红紫色)、银白杨(叶背密被银白色茸毛)等。双色叶类植物在微风中飘动具有特殊的闪烁效果,具有一定的观赏价值。

③斑色叶类 叶片上呈现不规则的彩色斑块或条纹,又可分为嵌色、洒金、镶边3种类型。"嵌色"是指绿色叶镶嵌彩色斑块,如金心大叶黄杨、银斑大叶黄杨、金心胡颓子等;"洒金"是指绿色叶上散布彩色斑点,如洒金东瀛珊瑚、洒金千头柏等;"镶边"是指叶片边缘呈黄色或白色,如金边黄杨、银边黄杨等。

④彩脉类 叶脉呈现彩色,如红脉、白脉、黄脉等。

(3)按色素种类分类

①黄金色类 黄色、金色、棕色等系列。

②橙色类 橙黄色、橙红色等系列。

③紫红色类 包括红色、棕红色、紫红色、紫色等。

④蓝色类 蓝绿色、蓝灰色、蓝白色等。

⑤多色类 叶片同时呈现出两种或两种以上的颜色,如粉白绿相间或绿白、绿黄、绿红相间。

色彩美是园林景观的构成要素之一,彩叶植物具有成景快、观赏期长等特点,并具有观花植物无法比拟的优越性,在现代城市园林绿化中发挥着越来越重要的作用。彩叶植物的配置:首先,一定要符合其自身的生物学特性,例如,金边黄杨、金叶连翘要求全光照才能体现其色彩美,半阴或全阴条件下,则将恢复绿色,失去彩叶效果。而有些植物则要求半阴的条件,一旦光线直射,就会引起生长不良,甚至死亡。其次,只有不同色彩及背景植物合理搭配,才能获得最佳观赏效果。第三,在确定好树种之后,还应注意它们与环境之间的协调。如在建筑物前或立交桥下,为了与环境相适应经常在平面上采用圆形、曲线形等几何图案,在立面上采用直线形、拱线形或波浪形。在大草坪上,可进行大面积的色块或较大体量的孤植。植成曲线或图案的彩叶植物需要经常修剪,促进植物枝叶生长紧密而整齐,并保持较多的顶梢新叶,如红叶石楠等。

6. 叶型类植物　不同树种叶片的大小和形状有很大变化。叶型的大小可分为4种,即:硕大叶,如芭蕉、美人蕉、岩芋、棕榈、蒲葵、龟背竹、花叶芋、王莲等;大叶,如广玉兰、梓树、八角金盘、青桐等;小叶,如野黄桂、香樟、黑壳楠、山茶、桂花等;细小叶,如瓜子黄杨、雀舌黄杨、小檗、六月雪等。植物叶型变化极为丰富,包括单叶和复叶两大类。

(1)单叶植物

①针形类　包括针形叶及凿形叶,如油松、雪松、柳杉等。

②条形类(线形类)　如冷杉、紫杉等。

③披针形类　包括披针形如柳、杉、夹竹桃等及倒披针形如黄瑞香、鹰爪花等。

④椭圆形类　如天竺桂、金丝桃及长椭圆形的芭蕉类等。

⑤卵形类　包括卵形及倒卵形叶,如玉兰、女贞、毛叶丁香等

⑥圆形类　包括圆形及心形叶,如紫荆、泡桐等。

⑦掌状类　如五角枫、鸡爪槭、刺楸、悬铃木等。

⑧三角形类　包括三角形及菱形,如钻天杨、乌桕等。

⑨奇异形　包括各种引人注目的形状,如鹅掌楸、马褂木的鹅掌形或长衫形叶、羊蹄甲的羊蹄形叶、变叶木的戟形叶以及银杏的扇形叶等。

（2）**复叶植物**　复叶可分为羽状复叶和掌状复叶。羽状复叶包括奇数羽状复叶及偶数羽状复叶，以及二回或三回羽状复叶，如刺槐、锦鸡儿、合欢、南天竹等；掌状复叶的小叶排列成掌形，如七叶树等，也有呈二回掌状复叶者，如铁线莲等。

7. 叶的形状和大小，具有不同的观赏特性　例如棕榈、蒲葵、椰子、龟背竹等具有热带风情；大型的掌状叶给人以朴素的感觉，大型的羽状叶给人以轻快、洒脱的感觉。一般原生热带湿润气候的植物叶较大，如芭蕉、椰子等；而产于寒冷干燥地区的植物叶多较小，如榆、槐等。

（三）观花植物

园林植物的花最诱人喜爱，观赏价值最高，在花的开放初期最为突出。花朵变化多端的形状，五彩缤纷的颜色以及各种类型的芳香，是创造出秀丽景色的主要素材。

花朵的主要观赏特性表现在花形和花色。花形奇特，极为美丽的珙桐、鹤望兰、蒲包花、吊钟海棠、虾衣花等引人入胜；奇特的海州常山，其雄蕊远伸花冠筒外似须状，蓝紫色的果包在紫红色的花萼心部，同一植株上白花、红萼、蓝果同存，非常美丽可爱。在花朵的诸多特性中，给人印象最为深刻的是它的颜色，尤其是季相变化更是五彩缤纷，一年四季各不相同。同一种类中也有多种颜色。

1. 花的颜色　按花的颜色可分为红色花系、黄色花系、紫色花系和白色花系4大类。花色组合变化达数十种，观赏价值特别突出。

（1）**红色花系的植物**　碧桃、山桃、桃、樱花、杏、海棠、蔷薇、红色玫瑰、红花月季、石榴、杜鹃、牡丹、合欢、锦带花、红花刺槐、榆叶梅、紫荆、紫薇、楸树、粉花绣线菊、红色山茶花、红花木槿、红梅、垂丝海棠、夹竹桃、胡枝子、木棉等。

（2）**黄色花系的植物**　蜡梅、金钟花、迎春、连翘、棕榈、枸骨、黄牡丹、黄杜鹃、黄栀子、黄花月季、黄刺梅、山茱萸、牡荆、锦鸡儿、栾树、棣棠、猕猴桃、金丝桃、金丝梅、金缕梅、黄玉兰、瑞香、金花茶等。

(3)紫色花系的植物　紫丁香、七叶树、胡枝子、木槿、八仙花、紫藤、常春油麻藤、杜鹃、木兰、紫薇、紫荆、瑞香、楸、梓、紫珠、紫花、泡桐、羊蹄甲等。

(4)白色花系的植物　白玉兰、广玉兰、白碧桃、梨、白木槿、白蔷薇、白玫瑰、栀子、女贞、珍珠梅、刺槐、槐树、白色山茶花、南天竺、白梅、金银木、太平花、六月雪、银桂、木莲、木槿、梅、李、杜鹃、月季、山合欢等。

2. 花的大小　花朵大小虽然存在显著差异,但都有良好的观赏效果。花朵大的,如广玉兰、大丽菊、牡丹、郁金香、绣球花、荷花、泡桐、白睡莲等观赏价值高;有的花朵虽小,如桃花、梅花、珍珠梅、栾树、合欢,所组成的庞大花序,其效果甚至比大花朵更美丽诱人。

花叶开放后,也具有一定的观赏价值。有的树木早春先花后叶,满树花团锦簇,如紫玉兰、白玉兰、梅花、樱花、桃花、杏梅、郁李、迎春花、结香、海棠、蜡梅、樱桃、云南樱花、榆叶梅、麦李、李、连翘等;有的绿叶与红花同时相映成趣,如贴梗海棠、湖北海棠、欧李、毛樱桃、紫荆等。

3. 观花季节　不同的园林植物花期各异,常年开花不断,不同季节的观花植物如下:

(1)春季观花植物(2～4月)

①木本花卉　山茶花、蜡梅、梅花、报春、迎春花、金钟花、毛瑞香、结香、榆叶梅、黄刺梅、白鹃梅、鸳鸯茉莉、贴梗海棠、日本海棠、吊钟海棠、垂丝海棠、湖北海棠、牡丹、木瓜海棠、月季、桃花、李花、杏花、日本樱花、碧桃、洒金碧桃、寿星桃、紫叶桃、红叶李、郁李、木瓜、海棠果、杜鹃、鹿角杜鹃、洋蹄躅、西洋鹃、映山红、满山红、楸、二乔玉兰、紫玉兰、白玉兰、白兰花、木兰、含笑、蝴蝶树、

紫丁香、白丁香、丁香、紫荆、枸骨、虎刺玫、玫瑰、山茱萸、金银木、刺桐、海仙花、锦带花、珍珠花、中华绣线菊、锦鸡儿、山矾、火棘、笑靥花、麻叶绣球、绣球花、木绣球、金缕梅、棣棠、粉花刺槐、溲疏、小蜡、紫藤等。

②草本花卉　三色堇、大岩桐、郁金香、风信子、葡萄风信子、白芨、石竹、紫罗兰、美女樱、牡丹、芍药、白头翁、石菖蒲、扶郎花、红花酢浆草、鸢尾、令箭荷花、七叶一枝花、香石竹、桂竹香、翠菊、百合、飞燕草、矢车菊、紫罗兰、龙面花、福禄考、锦葵、金盏菊、香雪球等。

(2) 夏季观花植物(5～7月)

①木本花卉　月季、七姊妹、木香、杜鹃、棣棠、刺楸、南天竺、光叶绣线菊、狭叶绣线菊、麻叶绣球、紫丁香、胡枝子、蔷薇、火刺、玫瑰、吊钟海棠、虎刺、栾树、重阳木、文冠果、夹竹桃、石榴、臭椿、白兰花、黄兰花、广玉兰、含笑、四照花、刨花兰、缫丝花、八角金盘、茶蘼、忍冬、金丝桃、紫薇、红花紫荆、天女花、太平花、天目琼花、栀子、叶子花、珠兰、龙牙花、夜合花、木槿、夏蜡梅、金银花、斗球、蝴蝶花、溲疏、扶桑、糯米条、六月雪、九里香、米籽兰、刺桐、黄刺梅、珍珠梅、丝兰、凤尾兰、金粟兰、绣球花、海仙花、八仙花、茉莉花、合欢、海滨木槿、金丝桃、红花刺槐、金银木、山梅花、醉鱼草、凌霄、猕猴桃、常春油麻藤等。

②草本花卉　美人蕉、矮雪轮、金鱼草、荷包牡丹、香石竹、蛇目菊、黑心菊、万寿菊、翠菊、天人菊、松果菊、荷兰菊、千日红、剪夏罗、芙蓉葵、蜀葵、黄蜀葵、百合类、观赏辣椒、金鱼草、球根秋海棠、夜落金钱、向日葵、射干、桔梗、落新妇、朱顶红、凤仙花、玉簪、万年青、文殊兰、朱蕉、龙舌兰、太阳花、吊兰、醉蝶花、含羞草、一点缨、百日草、晚香玉、彩叶草、非洲紫罗兰、昙花、垂盆草、鸢尾、宿根福禄考、飞燕草、虞美人、锦葵、大岩桐、毛地黄、风铃草、荷花、睡莲、美洲黄莲、千屈菜、香蒲、萱草、麦冬、葱兰、牵牛花、醉蝶花等。

（3）秋季观花植物（8～10月）

①木本花卉　桂花、月季、白兰花、黄兰花、八角金盘、金丝桃、金合欢、油茶、紫薇、金丝梅、木槿、八仙花、茉莉花、扶桑、一品红、夜来香、龙牙花、夜合花、雀舌栀子、海栀子、九里香、虾衣花、米籽兰、大圆锥绣球花、凌霄等。

②草本花卉　晚香玉、紫茉莉、天竺葵、吊灯花、夜落金钱、五色梅、玉簪、百合、石蒜、葱兰、文殊兰、麦冬、沿阶草、吉祥草、石蒜、美人蕉、菊花、荷兰菊、翠菊、波斯菊、万寿菊、大天人菊、大丽花、一串红、千日红、雁来红、鸡冠花、茑萝、睡莲、千屈菜等。

（4）冬季观光花卉（11月至翌年1月）

①木本花卉　月季、小月季、一品红、六月雪、马英丹、木芙蓉、油茶、茶、茶梅、蜡梅、结香、毛瑞香、梅、山茶花、枇杷等。

②草本花卉　菊花、大丽花等。

（四）观果植物

园林植物的果实用途广，经济价值高，除供人们观形赏色外，还有一些可供人们食用、药用，作香料、调料。果实成熟季节，许多植物硕果累累，色彩鲜艳美观；少数植物果实奇特，果味飘香，丰富充实了园林景观。

1. 果形　多数园林植物的果形多为卵形、圆形、扁圆形、椭圆形、圆柱形、圆球形，如石榴、梨、柿、杏、金橘、乌桕、火棘、乌柿、冬青、葡萄、灯笼树、南天竹等；少数植物的果实比较奇特，如秤锤树、栾树、紫荆、佛手、罗汉松、阳桃、梓树、观赏南瓜等。

2. 果色　很多园林植物的果色具有较高的观赏价值。例如火棘秋季红果满树，艳丽夺目。金银木秋季结出红透晶莹的果实，可以留存到冬季，甚至冬雪压枝时仍不改色；紫荆的果实为紫色，形同玻璃彩珠；栾树果实的种皮为淡黄色或粉红色，如一串串彩色小灯笼挂在树上，别具一格。果实可供观赏的树种主要有：

（1）红色果实（包括棕色，赭色）　枸骨、火棘、樱桃、山楂、老鸦柿、栾树、枸杞、虎刺、万年青、苏铁、榕叶冬青、肉花卫矛、朱砂根、珊瑚树、紫金牛、金银木、兴山五味子、南天竺、红果树、刺果卫矛、胡颓子等。

(2)黄色果实(包括黄绿色) 佛手、柑橘、吉庆果、柿、无患子、木瓜、枇杷、银杏、柚、梨、湖北海棠、金樱子等。

(3)蓝色果实(包括蓝黑色) 棕榈、三颗针、沿阶草、爬山虎、白檀等。

(4)黑色果实(包括紫黑色) 樟树、女贞、月桂、洛葵、罗芙木、交让木、八角金盘、金银花、马桑、大果冬青、大山樱、杜英、稠李、石斑木等。

(5)紫色果实 三叶木通、紫株、小紫珠、华紫珠等。

(6)白色果实 银杏、白饭树(鱼眼木)、守宫木等。

(7)复色果实 金银茄(黄、白)、冬珊瑚(红、黄、绿、白等色)、观赏南瓜(黄、蓝)、观赏辣椒(红、黄、紫)等。

(五)意境美植物

我国传统园林植物的配置中,除了欣赏植物的形态、色彩等自然属性,尤为注重植物本身的象征意义和其表达出的具有更高境界和人文特征的意境。我国古代诗词及民俗中都留下了赋予植物人格化的优美篇章,借花木而间接地抒发某种情感。设计者往往将诗情画意通过植物造景融入园林中,从而达到托物言志、以物咏志的造园目的。在我国传统民族文化风俗习惯中,许多植物有其本身的固有寓意,许多植物的形象美已概念化或人格化,不同的植物具有了不同的内涵。

传统的松、竹、梅配植形式,谓之"岁寒三友",人们将这三种植物视作具有坚贞不屈、高风亮节的共同品格。松树苍劲古雅,不畏霜雪风寒,能在严寒中挺立于高山之巅,象征着坚贞气节,代表着高尚的品质。因此,在园林中常用于烈士陵园,纪念先烈。竹是中国文人喜爱的植物,"未曾出土先有节,纵凌云处也虚心",

"宁可食无肉,不可居无竹",竹被视作最有气节的君子。园林景点"竹径通幽"最为常用,松竹绕屋更是古代文人喜爱之处。梅不畏寒冷,傲雪怒放,象征坚贞不屈的品格。梅、兰、竹、菊又称"四君子",也是植物造景常用的配植之一。兰花清香而色不艳,无矫揉之态,无媚俗之意,被认为最高雅。菊耐寒霜,晚秋独吐幽芳,代表不畏风霜雨雪的君子风格。荷花因"出淤泥而不染,濯清涟而不妖"而超凡脱俗;桃花在民间象征幸福交好运;紫荆表示兄弟和睦。含笑表深情,木棉表示英雄,桂花、杏花因谐音"贵"、"幸"而意显富贵和幸福,牡丹因花大艳丽而表富贵。白杨表惆怅、伤感;柳谐音"留"表送别,情意绵绵;红豆表示相思等。这些都为我国植物配置留下了宝贵的文化遗产。

(六)声音与感应植物

园林不单是一种视觉艺术,而且还涉及听觉等感官。雨、雪、阴、晴等气候变化会改变空间的意境并深深地影响人的感受。如拙政园中的听雨轩,就是借雨打芭蕉而产生的声响效果来渲染雨景气氛的。承德的"万壑松风"是借风掠过松林而发出的涛声得名的。此外,园林植物四季季相的变化使人在时间上形成韵律和节奏感,"花气袭人知骤暖"让人直接感知光阴的流逝。

(七)蜜源与芳香植物

园林植物开花时节能吸引蜜蜂、蝴蝶等昆虫飞翔其间,果实成熟时又招来鸟类前来啄食,给园林带来了生动活泼的气氛,丰富了园林景观的内容,创造出鸟语花香的意境。

芳香植物:很多园林植物的花有芳香味。如桂花、蜡梅、梅、桂香柳、晚香玉、白兰花、荷花、天女花、银鹊树、海州常山、丁香、栀子花、茉莉花、含笑、玫瑰、香水月季、瑞香、玉兰、猕猴桃等。在园林中常有"芳香园"的设置,利用各种香花植物配植而成。盛夏时节,荷花及荷叶的清香,令人心情愉悦、舒爽,有消暑的功效。

观花与闻香结合,更加令人赏心悦目。

(八)园林植物的质感

园林植物的质感(是否粗糙、叶缘形态、树皮的外形等)是园林植物给人的视觉感和触觉感,视觉感和触觉的不同会给人以不同的感受和联想。植物的质地景观虽无色彩、姿态引人注目,但对风景园林的协调性、多样性、视距感、空间感以及观赏情感、情调和气氛有着重要的影响。质地的选取应结合体量、姿态与色彩,或协调统一或变化多样。力求与空间大小相适应,与环境氛围相协调。园林植物根据质地的不同,分为粗质型、中粗型和细质型。

1. 粗质型　大叶片、疏松粗壮的枝干及松散的树形,有缩短视距的感觉,过多使用会使空间显得拥挤狭窄。如火炬树、凤尾兰、核桃、大叶杜鹃类、广玉兰、欧洲七叶树、臭椿、刺桐、龙血树等。

2. 中粗型　具有中等大小的叶片、枝干以及具有适度密度的植物。如水蜡、女贞、槐、银杏、刺槐、紫薇等。

3. 细质型　具有很多小叶片和微小脆弱的小枝以及整齐、密集而紧凑的冠形的植物,感觉柔软、纤细,景观中易被忽视,有扩大视距的感觉,宜用于紧凑的空间设计。如鸡爪槭、馒头柳、垂柳、竹、地肤、文竹、苔藓、铁线蕨等。

四、园林植物的生态习性及分类

生态学是研究生物与环境之间关系的科学。园林植物与其他植物一样,在生长发育过程中除受自身遗传因子影响外,还与环境条件有着密切的关系,这些环境条件包括温度、水分、光照、空气、土壤和生物等因子;另一方面,植物在长期的系统发育过程中,对环境条件的变化也产生各种不同的反应和丰富的适应性,形成了今天地球上多种多样的植物群落,它们和环境融为一体。因此,只有深入了解组成环境的各个因素,以及它们与园林植物之间的相互关系,并加以创造性地运用,才能科学地配置园林植物,创造理想的园林效果。环境中各生态因子与植物的关系是植物造景的理论基础,也是园林植物分类的重要依据之一。

(一)光 照

阳光是植物生长的能源和动力,也是一切生命的源泉。光照是植物光合作用的必需因子,光的强度对园林植物的生长发育是至关重要的。根据园林植物对光照强度的要求,可以分为:

1. 阳性植物 喜强光,要求在全日照 70％ 以上的强光下生长,在荫蔽和弱光条件下生长发育不良,阳性植物在配置时,一般均配置在群落上层。

最常见的阳性树种有:白皮松、油松、黑松、金钱松、赤松、垂枝松、池杉、龙柏、桧柏、西藏柏、铅笔柏、侧柏、柏木、毛白杨、银白杨、胡杨、加杨、槐树、刺槐、垂柳、旱柳、柽柳、白榆、榔榆、红果榆、朴树、榉树、樟树、楸树、梓树、柘树、柞木、泡桐、青桐、悬铃木、枫杨、光皮树、广玉兰、白玉兰、紫玉兰、鹅掌楸、厚朴、杜仲、黄连木、臭椿、香椿、楝树、栾树、无患子、银杏、乌桕、秋枫、白蜡、丝棉木、重阳木、樟叶槭、女贞、栎树、黄檗、丁香、合欢、皂荚、连翘、黄檀、石榴、梅花、樱花、杏、山楂、李、郁李、桃、核桃、枇杷、栗、枣、柿、橘、山茱萸、木瓜、葡萄、桂花、紫薇、桉树、银桦、南洋楹、木麻黄、麻楝、人面子、凤凰木、猫尾木、假槟榔、鱼尾葵、蒲葵、珍珠黄杨、枸杞、月季、火棘、茉莉花、马桑、爬行卫矛等。

阳性草花植物有:射干、鸢尾、大花美人蕉、一串红、金盏菊、飞燕草、矮牵牛、牵牛花、茑萝、凤仙花、长春花、石竹、含羞草、半支莲、虞美人、翠菊、香石竹、荷花、睡莲、唐菖蒲、白头翁、芍药、大理花等。

阳性草坪植物有:狗牙根、假俭草、结缕草、细叶结缕草等。

2. 阴性植物 需光量少,具有较高的耐阴能力,最不能忍受强光照射(尤其是气温高和干旱的情况下)。适宜 80% 以上的遮阴度下生长。也称"耐阴植物"。

最常见的阴性树种有:铁杉、红豆杉、紫果云杉、柔毛冷杉、三尖杉、香榧、罗汉松、日本金松、建柏、花柏、黄金柏、铺地柏、匍地龙柏、爬翠柏、棕竹、散尾葵、鱼尾葵、橡皮树、南洋杉、棕榈、元宝枫、飞蛾槭、栀子花、海桐、珊瑚树、桃叶珊瑚、木莲、天目琼花、竹柏、粗榧、紫荆、胡枝子、蚊母、六月雪、枸骨、十大功劳、杜鹃、南天竹、山茶、火炬漆、琴叶榕、八角金盘、东瀛珊瑚、棣棠、绣球花、圆锥八仙花、大叶黄杨、雀舌黄杨、小叶黄杨、瑞香、岩芋、黄馨、丝兰、常春藤、爬山虎、络石、五叶地锦、扶芳藤、辟荔等。

常见的耐阴花卉有:玉簪、文竹、吊兰、细辛、垂盆草等。

常见的耐阴草坪植物及地被植物有:林地早熟禾、普通早熟禾、匍匐剪股颖、多花黑麦草、白车轴草、红车轴草、石菖蒲、麦冬、酢浆草、铃草、铜钱草、虎耳草、枇杷叶等。

3. 中性植物 对光照条件的要求介于阳性植物与阴性植物之间,或在半避阳条件下生长良好的植物,或全日照的条件下生长良好,但稍受荫蔽时亦能正常生长,夏季过强的阳光不利于生长。称为"中性植物"。

最常见的中性树种有:雪松、苏铁、五针松、云杉、柳杉、秃杉、侧柏、圆柏、桧柏、黄樟、野黄桂、黑壳楠、川桂、浙江楠、舟山新木姜子、猴樟、深山含笑、银木、银鹊树、红豆树、花榈木、毛黄栌、红茴香、大叶青冈栎、麻栎、栓皮栎、绵柯、青冈栎、木荷、大叶香叶子、白兰花、水丝梨、喜树、月桂、红叶李、女贞、小蜡、榕树、四照花、七叶树、槭属、青枫、塔枫、石楠、龙爪槐、文冠果、黄檗、小檗、金丝桃、丁香、含笑、刺桐、夹竹桃、棣棠、垂丝海棠、贴梗海棠、木瓜海棠、麻叶绣球、卫矛、结香、竹叶椒、紫藤、凌霄、胡颓子、牡荆、无花果、猕猴桃、花椒等。

中性花卉、草坪及地被植物有:万年青、射干、葱兰、连钱草、两耳草、草地早熟禾、紫羊茅等。

有些植物对光照条件要求不严,适应范围较广,既能在荫蔽的林下或背阳的地方生长发育好(尤其是幼龄期),又能在阳光比较充足的环境条件中正常生长发育,即这类植物既性喜阳光,又较耐荫蔽。这类植物主要有:棕榈、杨梅、海桐、山茶、红花油茶、珊瑚树、桃叶珊瑚、冬青、无患子、香樟、七叶树、罗汉松、杜英、山矾、杜鹃、枸骨、栀子花、女贞、无花果、十大功劳、南天竹、木槿、紫荆、紫珠、黄杞、胡颓子、溲疏、接骨木、金银木、蜡梅、中华蚊母、六月雪、枸杞、锦熟黄杨、小叶黄杨、大叶黄杨、瑞香、迎春、结香、海州常山、大绣球、紫藤、猕猴桃、鸡血藤、爬山虎、八仙花、金银花、玉簪、萱草、沿阶草、吉祥草、麦冬、万年青、白芨、石菖蒲、石蒜、葱兰等。

林下植物配置时以耐阴植物为宜,如山茶配置在白玉兰、广玉兰下,生长情况要看其枝下高低度而定。总的来说,白玉兰枝下高较高,且为落叶树种,光照强度在全日照30%以下,故生长势良好;广玉兰枝下高较低,又是常绿树种,光照强度偏低,当枝下高低于1.5米,对山茶生长不利。又如垂丝海棠配置在桂花丛中,含笑、八角金盘、桃叶珊瑚配置在枝繁叶茂常绿树下,均生长良好,这是依据植物喜光程度进行配置的成功范例。植物的耐阴性是相对的,其喜光程度与纬度、气候、年龄、土壤等条件有密切关系。光照时间与植物生长的关系密切,与日照长度有关的植物习性称为光周期反应。按光周期反应可将植物分为长日照、短日照和无限日照型。长日照植物在光照等于或超过一定临界值时才开花,光照长度短于该临界值时只进行营养生长。与此相反,短日照植物在光照等于或短于一定临界值时才开花,光照长度超过该临界值时只进行营养生长。在较宽日照长度范围内均可正常开花结实的植物称为无限日照型植物。在不同地区之间引种园林植物时要注意这一问题。在园林实践中,常通过调节光照来控制花期以满足造景需要。

(二)温　度

温度直接影响植物的生理生化过程,如光合作用、呼吸作用、蒸腾作用、细胞壁渗透、水分和养分的吸收、酶活性等。这些过程最终反映在植物生长上。

一般植物的生长发育对温度都有最低、最适、最高的要求,称温度的"三基点"。因植物原产地的不同,对温度"三基点"的要求也不同,如原产热带的植物开始生长的基点温度一般在18℃左右,原产温带的植物开始生长的基点温度一般在10℃左右,如上海处于亚热带北缘,四季分明,春秋两季温度在10℃～22℃,夏季温度在25℃以上,冬季平均温度10℃以下。上海地区植物其生长基点温度在上述两者之间。

温度对园林植物生长发育的影响极大,高温、低温均对植物的花芽分化产生决定性的影响。此外,植物的耐寒性还与植物种类、品种有关。在植物配置中宜选择半耐寒性植物为主,在条件许可的情况下可适当引进不耐寒植物。由于低温往往给植物造成冻害、寒害、霜害等,不耐寒植物应配置在东或西面,有些还要采取保温措施;对于耐寒植物,由于高温会引起植物的日灼,因此配置方法与不耐寒植物相反。根据园林植物对温度的要求,可以分为:

1. 耐寒性植物　原产地在-5℃～-10℃的低温下不会受冻,甚至更低也能安全越冬,原产地在寒带或温带地区。如龙柏、榆叶梅、榆树、紫藤、金银花等。

2. 半耐寒性植物　原产地大多在温带南缘或亚热带北缘,耐寒性介于耐寒与不耐寒之间,一般在-5℃可以露地越冬。如香樟、广玉兰、桂花、夹竹桃、南天竹等。

3. 不耐寒性植物　原产地在热带及亚热带。冬季不耐受5℃或更高的温度,低于该温度就停止生长或出现伤害。如棕榈科植物、栀子花、无患子、青桐等。

植物对温度的要求与其原产地纬度有关,温度是决定园林植物分布范围的主要限制因子。

（三）水　分

水分是植物体的重要组成部分。一般植物体都含有 60％～80％,甚至 90％以上的水分。植物对营养物质的吸收和运输,以及光合、呼吸、蒸腾等生理作用,都必须在有水分的参与下才能进行。水是植物生存的物质条件,也是影响植物形态结构、生长发育、繁殖及种子传播等重要的生态因子。不同的植物种类,由于长期生活在不同水分条件的环境中,形成了对水分需求关系上不同的生态习性和适应性。根据植物对水分的关系,可把植物分为水生、湿生(沼生)、中生、旱生等生态类型,它们在外部形态、内部组织结构、抗旱、抗涝能力以及植物景观上都是不同的。

1. 旱生植物　这类植物耐旱力极强,能忍受较长期的空气或土壤的干旱,在土壤水分含量相当低的条件下能正常生长,此类植物可配置在地势较高或阳面的地方。

这类植物有:白皮松、落叶松、黑松、油松、龙柏、桧柏、侧柏、青桐、杜仲、泡桐、臭椿、合欢、白榆、榆树、栓皮栎、槲树、青杨、小叶杨、毛白杨、棕榈、郁李、油橄榄、构树、刺槐、紫薇、旱柳、杜梨、柚、桃、杏、梅、李、栗树、柿树、枣树、枫香、木麻黄、栾树、黄连木、拓树、白蜡树、蜡梅、枸杞、紫穗槐、夹竹桃、栀子花、杜鹃、香水月季、玫瑰、十大功劳、榆叶梅、海棠花、金丝桃、金银花、龙舌兰、丝兰、凤尾兰、连翘、马桑、天门冬、百合、地肤、雁来红、石菖蒲、牵牛花等。

2. 湿生植物　这类植物要求土壤水分充足,适合于湿地中生长,抗涝性强,在短期内积水生长正常,有的即使根部伸延水中数月也不影响生长,少数植物常年生长在浅水中照样开花结实。此类植物一般配置在河边或地势较低的地方。

常见的湿生植物有:池杉、水杉、落羽松、墨西哥落羽松、垂柳、旱柳、柽柳、水曲柳、龙爪柳、杞柳、银柳、臭椿、枫杨、青杨、木

麻黄、木棉、木芙蓉、喜树、重阳木、乌桕、秋枫、白蜡、洋白蜡、栾树、朴树、梓树、胡颓子、紫穗槐、金银花、丝兰、凤尾兰、各种秋海棠、大海芋、观音座莲、水仙、香蒲草、灯心草、毛茛、虎耳草、两耳草、钝叶草、绊根草、普通早熟禾等。

3. 中生植物 这类植物介于耐旱植物与湿生植物之间,最适宜生长的条件是土壤干湿度适中,即怕水湿、喜湿润土壤。多数植物属于这种类型。

常见的植物有:雪松、广玉兰、辛夷、厚朴、玉兰、鹅掌楸、银杏、吴茱萸、榆叶梅、紫丁香、红叶李、碧桃、桃树、核桃、桂花、白兰花、佛手、金橘、玫瑰、漆树、无患子、灯台树、女贞、美国白杨、圆柏、塔柏、棕竹、紫荆、扶桑、刺桐、珍珠梅、绣线菊、木槿、珍珠花、结香、棣棠、木瓜、瑞香、麻叶绣球、锦带花、西番莲、金边黄杨、洒金珊瑚、棕竹、紫金牛、珊瑚树、海仙花、紫藤、络石、八仙花、薄荷、芭蕉、天竺葵等。

4. 水生植物 这类植物生长期的全过程都要有饱和水分供应,尤喜生长在水中。常见的观赏水生植物有:荷花、睡莲、千屈菜、伞草、香蒲、芦苇、金鱼藻等。水生植物根据其生态习性又可分为沉水、浮水、挺水植物三大类。

随地形变化土壤中的含水量会不同,而水分与植物的根系分布紧密相连,深根性植物配置时尽量不要群植(片植),并可考虑与浅根性植物配置,以合理利用地下空间。

(四)土　壤

植物生长需要适当的地上部和地下部空间。土壤是植物生命活动的场所,理想的土壤是疏松、有机质丰富、保水性和保肥性强、颗粒结构好的壤土。据测定,颗粒结构内毛细管孔隙小于0.1毫米时,有利于保肥;大于0.1毫米时有利于通气、排水。而理想土壤颗粒结构内毛细管孔隙为0.1毫米左右。土壤的pH值5～6.5为酸性土,pH值7.5～8为碱性土,pH值6.5～7.5为中性土。大部分园林植物需要中性土壤。根据园林植物对 pH 值适应性和对土壤肥力的要求可分为如下 3 类植物。

1. 喜酸性植物 这类植物喜酸性土壤,有的在强酸性土壤上生长良好,如杜鹃、山茶、池杉、柳杉、白蜡、桂花、樟树、南洋楹、银桦、夹竹桃、枸骨、蕨类等。

2. 耐盐碱植物 这类植物能生长在含盐碱的土壤中,如白皮松、侧柏、白榆、泡桐、苦楝、槐树、桑树、合欢、乌桕、白蜡、棕榈、紫薇、油橄榄、银杏、枣、杏、桃、梨、石榴、杜仲、臭椿、香椿、黄连木、榉树、栾树、木麻黄、榆叶梅、紫穗槐、胡颓子、枸杞、旱柳、柳树、柽柳、水曲柳、卫矛、丝兰等。

3. 耐瘠地植物 这类植物对土壤养分要求不严,在瘠薄的土壤中能正常生长,如桧柏、侧柏、女贞、小蜡、白榆、黑松、白皮松、枸骨、构树、桑树、水杉、枫香、臭椿、黄连木、李、枣、木麻黄、合欢、石楠、皂荚、朴树、拓树、刺槐、紫穗槐、木槿、马桑、柽柳、紫藤、棕榈等。

土壤由固体、液体和气体三相组成,它不但是植物机械支撑介质,而且是水分、养分和根系呼吸所需气体和排出气体的载体。绝大多数作物都是在土壤上栽培。土壤是生物圈、岩石圈、大气圈和水圈的交汇点,是整个生态链条的重要一环。

酸性植物在沿海地区生长不良,如要进行种植,要采取一定的技术措施。在碱性或微碱性土壤上欲栽培喜酸性植物,一般要对土壤进行改良,露地植物可施硫磺粉或硫酸亚铁,一般每 10 米^{2}加入 250 克硫磺粉或 1.5 千克硫酸亚铁,可降低 pH 值 0.5~1,对于黏性重的碱性土,用量可适当增加;其次可利用雨水的淋溶作用减低 pH 值;还可以采用客土法,对局部土壤进行调换。

(五)大 气

大气对园林植物配置的影响,主要是根据植物对不同气体的抗性,特别是工矿区绿化中,应根据空气污染类型配置不同的植物,充分发挥园林植物的净化作用。

抗性植物：凡具有能抵抗某种化学物质污染、减轻污染危害、并能生长良好的植物称为"抗性植物"。园林植物种类很多，生长状况各不相同，对大气污染的抵抗力有很大差别，有的能抵抗多种有害气体，有的较差，其抗性类别也各异。

1. 抗二氧化硫能力强的植物 银杏、广玉兰、印度橡皮树、毛白杨、加杨、垂柳、旱柳、水柳、立柳、雪柳、桧柏、侧柏、雪松、槐树、臭椿、紫杉、云杉、泡桐、梧桐、栾树、榆树、朴树、构树、皂荚、丝棉木、黄栌、女贞、核桃、枫杨、元宝枫、复叶槭、美国白蜡、桃树、山桃、山楂、梅、柿树、木槿、红瑞木、丁香、紫穗槐、海州常山、胡颓子、地锦、连翘、冬青、榆叶梅、构骨、夹竹桃、大叶黄杨、小叶黄杨、无花果等。

2. 抗氟化氢能力强的植物 华山松、白皮松、侧柏、桧柏、悬铃木、丝棉木、泡桐、梅、旱柳、垂柳、山楂、乌桕、枫杨、榆树、构树、槐树、臭椿、刺槐、紫穗槐、美国白蜡、女贞、金银花、金银木、锦熟黄杨、大叶黄杨、丁香、地锦、连翘、胡颓子等。

3. 抗氯及氯化氢能力强的植物 桧柏、银白杨、毛白杨、加杨、枫杨、榆树、构树、樟树、丝棉木、樱花、丁香、山桃、皂荚、合欢、女贞、臭椿、刺槐、银杏、桑树、珊瑚树、楝树、旱柳、杠柳、葡萄、紫薇、地锦、大叶黄杨、胡颓子、木槿、太平花、紫藤等。

4. 抗氨气能力强的植物 银杏、柳杉、樟树、榆树、朴树、石榴、紫荆、木槿、皂荚、紫薇、银白杨等。

5. 抗烟滞尘能力强的植物 刺楸、白榆、榆树、朴树、女贞、槐树、刺槐、臭椿、桑树、构树、梓树、郁李、槲树、龙柏、白皮松、悬铃木、槠、栲、栓皮栎、白蜡树、复叶槭、桂花、印度橡皮树、广玉兰、银桦、核桃、柿树、板栗、泡桐、云杉、毛白杨、珊瑚树、木槿、桃叶珊瑚、夹竹桃、大叶黄杨、粗榧、交让木、黄爪龙树、波罗树、冬青、石楠、厚皮香、构骨等。

6. 抗火能力强的植物

(1)常绿阔叶树种 珊瑚树、冬青、山茶、厚皮香、木荷、海桐、女贞、八角金盘、杨梅、青木、楠木、棕榈、罗汉松、枸骨、交让木、莽草、蚊母树等。

（2）落叶阔叶树种　银杏、榉树、槐树、刺槐、三角枫、樱花、灯台树、槲树、栓皮栎、麻栎、楸树、臭椿、乌桕、毛白杨、柳树、泡桐、苦木、黄檗等。

（3）针叶树种　桧柏、金钱松、罗汉松、日本杉木、红松等。

7. 具有杀菌作用的植物　冷杉、侧柏、核桃、黄栌、盐肤木、油松、白皮松、桧柏、云杉、柳杉、雪松、复叶槭、栓槭、榛子、稠李、香樟、悬铃木、石榴、枣、合欢、女贞、栾树、银白杨、臭椿、麻叶绣球、蔷薇、黄杨等。

8. 减弱噪声作用强的植物　雪松、桧柏、龙柏、侧柏、旱柳、青杨、山杨、核桃、白桦、榆树、水杉、悬铃木、梧桐、刺槐、合欢、紫穗槐、桂香柳、胡颓子、云杉、鹅掌楸、臭椿、楸树、女贞等。

（六）生　物

生物因子包括植物与土壤微生物、植物、病虫害等之间的关系。城市园林绿化，大部分地方立地条件较差，在选择植物上应尽量用根瘤植物，要了解植物之间的他感作用，如刺槐能分泌大量的芳香物质，致使刺槐林下大多数草本植物不能正常生长；不耐移植的白玉兰对土壤和空气要求较高，与广玉兰高密度混种则长势良好；红花酢浆草与樟树配置可能会相互加重红蜘蛛的危害。在植物配置中可适当引进蜜源植物，引诱天敌，防治病虫害发生，园林绿化中常见的蜜源植物有女贞、刺槐、乌桕等。

自然界的各种生态因子并不是单因子孤立地对植物发生作用，而是综合作用于植物，植物配置中应充分考虑到园林植物的生态因子，不仅有利于防治病虫害，而且有利于发挥各种生态因子的作用。反之，如果植物配置不当，轻则影响植物的景观效果，重则前功尽弃，适合当地条件的种植制度可以将当地的养分、水分、大气、温度、光照和空间六大类资源在时间上合理地搭配组

合,使之得到充分利用。下面是上海市园林植物配置比较成功的例子。

香樟、榔榆、乌桕、小棕榈、石楠、二月蓝;香樟、乌桕、南天竺、狗牙根;猴樟、无患子、八角金盘、海桐、自然地被;榉树、香樟、绣球花、扶芳藤、自然地被;银杏、石楠、胡颓子、麦冬;雪松、广玉兰紫薇、紫荆、黄馨、鸢尾、红花酢浆草、其他地被;垂柳、丁香 桃树、桂花、红叶李、草本地被。

生物因子还体现在园林植物群落的构建,植物群落常用的群落成员类型如下。

1. 优势种和建群种 对群落结构和群落环境的形成有明显控制作用的植物种称为优势种。它们通常是那些个体数量多、投影盖度大、生物量高、体积较大、生活能力较强,即优势度较大的种。群落的不同层次可以有各自的优势种,如森林群落中,乔木层、灌木层、草本层和地被层分别存在各自的优势种,其中优势层中的优势种常称为建群种。如果群落中的建群种只有一个,则称为"单优种群落"。如果具有两个或两个以上同等重要的建群种,就称为"共优种群落"或"共建种群落"。生态学上的优势种对整个群落具有控制性影响,如果把群落中的优势种去除,必然导致群落性质和环境的变化;若把非优势种去除,只会发生较少的或不显著的变化。因此,不仅要保护那些珍稀濒危植物,而且也要保护那些建群植物和优势植物,它们对生态系统的稳定起着举足轻重的作用。

2. 亚优势种 亚优势种指个体数量与作用都次于优势种,但在决定群落性质和控制群落环境方面仍起着一定作用的植物种。在复层群落中,它通常居于下层。

3. 伴生种 伴生种为群落的常见种类,它与优势种相伴存在,但不起主要作用。

4. 偶见种或稀见种 偶见种是那些在群落中出现频率很低的种类,多半是由于种群本身数量稀少的缘故。偶见种可能偶然地由人们带入或随着某种条件的改变而侵入群落中,也可能是衰退中的残遗种。有些偶见种的出现具有生态指示意义,有的还可以作为地方性特征种来看待。

五、园林花卉的分类

　　园林花卉的范围甚为广泛,既包括有花植物,亦包括蕨类植物,而且栽培和利用的方式亦有多种,故对花卉分类的依据不同而其分类方式亦各不相同,除植物学系统分类法外,还可根据生态习性、栽培方式、自然分布、园林及经济用途进行分类。其中,以生态习性的分类法较为常用。

　　生态习性的分类法依不同地区的气候条件及花卉的耐寒力,分为露地花卉及温室花卉,因此在不同地区所包含的种类就不一致。如在温暖地区为露地花卉,而移至寒冷地区则为温室花卉。

（一）露地花卉

　　露地花卉指繁殖、栽培均在露地进行的花卉。依其生态习性分为如下 5 类。

　　1. 一年生花卉　即春插花卉。指春天播种,在当年内开花结实的种类,均耐严寒,冬季到来前枯死。如凤仙花、鸡冠花、一串红、半支莲、千日红等。其中多数种类为短日照植物。

　　2. 二年生花卉　即秋插花卉。指秋季播种,翌年春天开花的种类,它们在露地过冬,耐寒性强。如三色堇、花菱草、雏菊等。此类多为长日照植物。在上海气候条件下,有些种类耐寒力稍弱,在冬季需稍加防寒才能安全越冬,如金鱼草、矢车菊等,这一些种类可称为半耐寒性花卉。

　　3. 宿根花卉　为多年生草本植物。耐寒性强。冬季在露地安全越冬。在这一类花卉中,依冬季地上茎叶枯死与否,又分为落叶与常绿两类,前者如菊花、非洲菊,后者如万年青、麦冬等。

如将万年青、麦冬移至北方寒冷地区栽培时即不能在露地越冬，则成为温室花卉。

4. 球根花卉 均为多年生草本植物,地下部分肥大,无论是茎或根都形成球状物或块状物的一类花卉。所包含的主要类型有球茎、鳞茎、块茎、块根及根茎,以上几种类型在花卉学中总称为"球根"。

(1)球茎类 外形如球,内部实心,其外仅有数层膜质外皮,球茎下部形成环状痕迹,在球茎顶端着生主芽和侧芽。如唐菖蒲、小苍兰、番红花等。

(2)鳞茎类 水仙、郁金香、百合等鳞茎具有多数肥大的鳞叶,其下部着生于一扁平的茎盘上。水仙、风信子、郁金香在外形上与百合不同,前者鳞片成层状,最外一层呈褐色,并将整个球包被,称为"有皮鳞茎";百合鳞片分离,不包被全球,称为"无皮鳞茎"。

(3)块茎类 地下茎呈块状,外形不整齐,块茎顶端通常有几个发芽点。属此类花卉的有球根秋海棠、彩叶芋、白芨、马蹄莲等。

(4)根茎类 地下茎肥大而形成粗长的根茎,其上有明显的节与节间,在每一节上通常可以发生侧芽,尤以根茎顶端节处发生较多。此类花卉有美人蕉、鸢尾、睡莲及荷花等。

(5)块根类 块根由根膨大而成,其中积蓄大量养分,如大丽花、花毛茛就属此类型。块根顶端有发芽点,由此萌发新芽。大丽花新芽的发生仅限于顶端根颈部分,因此大丽花分球时,务使每一块根上端附有根颈部分,方可抽发新芽。

5. 水生花卉 水生花卉是水面绿化的重要材料,其中包括不少观花和观叶的种类,大部分都是多年生植物。观花为主的种类有荷花、睡莲、千屈菜、凤眼蓝等,观叶的有水葱、菖蒲、香蕉、茭(茭白)等。其中不少是具有观赏价值和经济价值双重身价的植物。

（二）温室花卉

温室花卉均为不耐寒植物，原产于热带、亚热带及暖温带南部。它们在温带寒冷地区不能露地越冬，必须有温室设备以满足其对温度的要求，才可正常生长。温室花卉种类很多，对温度的要求不一。为栽培方便起见，通常以对温度要求的不同，分别栽培于低温、中温或高温温室中。

以长江中下游地区为例，温室花卉根据生态习性又可再分为以下 5 类。

1. 一、二年生花卉 如瓜叶菊、蒲包花、彩叶草等。

2. 宿根花卉 如非洲菊、报春类、樱草类、铁线蕨等。

3. 球根花卉 如仙客来、马蹄莲、小苍兰等。

4. 多浆植物 如仙人掌、昙花、蟹爪兰等。

5. 温室花木 如一品红（象牙红）、山茶、三角花等。

（三）市市花卉

在当地气候条件下，指在冬季露地能安全越冬的花木，其中灌木为主，其次为小乔木，如月季、玫瑰、牡丹、海棠、蜡梅、金钟花、桂花、梅花等。除上述分类方法外，亦有以植物分类科别区分，如仙人掌科植物、兰科植物、棕榈科植物、蕨类植物等。

六、园林新优植物引种与应用

植物新品种的推广和普及，已成为当今城市绿化建设的一个新趋势和新特点。在 20 世纪 80 年代左右，中国已经有很多科研单位和植物园陆续从国外引进了部分园艺观赏品种，但真正应用在城市园林绿化中的数量却很少。近几年，随着生态园林城市建设的不断发展，从国外引进的园林植物绿化品种开始崭露头角，极大地丰富了城市园林绿化植物品种，提高了城市绿化的观赏性。北京市在成功申办奥运会后,成功引种了花叶爬山虎、无毛紫露羊、荚果蕨、福禄考等新优园林植物。上海市在引进植物新品种方面做了大量工作,在全国处于领先地位。引种方面,上海市成功地驯化了大叶樟、加拿利海枣、金焰绣线菊、美国红栌、杂交马褂木、金合欢、金山绣线菊、小丑火棘等,在景观上也取得了很好的效果。重庆市则采取以异地移植或采种的引种方式,筛选出优良花灌木植物:绣线菊类、假连翘、"玫瑰"木槿、滇金丝桃、欧洲火棘、熊掌木、伞房决明、矮生紫薇等园林新优植物品种,在公共绿地及街头公园及城市快速路绿化景观应用中发挥了极大的作用。

(一)春景秋色与新优植物引种

上海市以建设生态型城市和举办 2010 年世博会为契机,推进绿化林业城乡一体化,上海市在以往植物引种驯化和推广应用的基础上,从 2000 年起制定和实施了《上海城市园林植物多样性三年行动计划》,2004 年起推进实施城市绿化"春景秋色"示范工程,同时编制完成《上海市绿地植物景观规划纲要》,制定了"以点带面,重点示范,逐步推进"的实施策略,计划在上海世博会召开前初步实现上海绿地"春景秋色",营建具有地带性特征和地域文化特点的植物景观。近年来上海市绿化林业部门完成科研选育并重点推广 300 多个植物品种,优选出 120 种耐盐碱乔灌木种类,城市绿化常用植物种类增加到 820 种,成功注册并扩大繁育了植物新品种"东方杉",建成 67 块"春景秋色"绿化示范工程。

"春景秋色"植物景观,即春季繁花、秋季色叶、夏荫浓绿、冬阳落地、四季变化的城市绿地植物景观,是基于四季分明的地带性气候特征的、具有鲜明的地域性范畴,通过规模化绿地应用、合理化植物配置,突出春季似锦的繁花、秋季如画的叶色植物景观,结合夏荫冬枝的合理化植物配置,探索实现植物生态群落景观与"以人为本"理念在城市绿化发展上有机结合。表 2-1 为上海市绿化和市容管理局 2012 年新优植物品种推荐名录。

表 2-1　上海市绿化和市容管理局 2012 年新优植物品种推荐名录

序号	植物名	科 属	类 型	园林用途
1	'秋之火'红花槭	槭树科	落叶乔木	秋色叶树种,叶片受高温干旱容易灼伤,适合庭院中列植或群植
2	福氏紫薇	千屈菜科	落叶乔木	观干树种,干皮呈紫红色,适合庭院中孤植或列植
3	福建山樱花	蔷薇科	落叶乔木	花色艳丽,花期极早,比日本樱花早20天,适合群植
4	美国海棠	蔷薇科	落叶乔木	观花观果树种,果期长,可孤植或群植
5	舟山新木姜子	樟科	常绿乔木	常绿乔木,果色红艳,可孤植或群植
6	水松	杉科	落叶-半落叶乔木	耐水湿、耐盐碱,可作水湿地带造林树种,适合水边列植
7	圆叶桂樱	蔷薇科	常绿乔木	常绿乔木,树型整齐,可孤植或群植
8	弗吉尼亚栎	壳斗科	常绿乔木	耐盐碱,可作轻度盐碱地造林树种,适合群植
9	东方杉	杉科	落叶-半落叶乔木	耐盐碱,树型整齐,可孤植或群植
10	血皮槭	槭树科	落叶乔木	观干树种,树皮血红色,可孤植或丛植
11	秤锤树	野茉莉科	落叶乔木	观果树种,果型秤锤状,具有一定的耐阴性,可孤植或丛植
12	梭罗树	梧桐科	常绿乔木	树型整齐,观花观果,可孤植或丛植
13	红运玉兰	木兰科	落叶乔木	观花树种,花大色艳,花期早,适合丛植或群植
14	白皮松	松科	常绿乔木	观干树种,树皮灰白,适合孤植或对植
15	金丝楸	紫葳科	落叶乔木	树型整齐,生长快,干直、花茂,适合列植,可作行道树

序号	植物名	科 属	类 型	园林用途
16	金叶梓树	紫葳科	落叶乔木	彩叶树种,新叶金黄色,生长快,适合孤植或列植
17	美国黑胡桃	胡桃科	落叶乔木	落叶树种,生长快,树型高大,可孤植
18	日本甜柿	柿树科	落叶乔木	观果树种,结实性强,适合丛植或群植
19	海州常山	马鞭草科	落叶灌木	观花、观果树种,香味浓烈,适合孤植或丛植
20	大花秋葵	锦葵科	落叶灌木	观花灌木,花大色艳、花期长,适合群植
21	杨梅叶蚊母	金缕梅科	常绿灌木	常绿灌木,株型平展,花期极早,适合群植
22	匍匐紫薇	千屈菜科	落叶灌木	适应性强,株型低矮,花色艳丽、花期长,适合群植
23	'珍尼'玉兰	木兰科	落叶灌木	花色艳丽,开花繁茂,适合孤植或丛植
24	厚叶石斑木	蔷薇科	常绿灌木	耐盐碱,常绿,株型整齐,适合盐碱地绿化
25	夏蜡梅	蜡梅科	落叶灌木	花大色艳、耐阴,适合林缘、林下丛植或群植
26	滨梅	蔷薇科	落叶灌木	耐盐性强,观花、观果,适合盐渍土绿化
27	滨柃	山茶科	常绿灌木	常绿、耐盐碱,香味浓烈,可作盐碱地绿化
28	缫丝花	蔷薇科	落叶灌木	观花、观果树种,植株繁密,有刺,适合庭院丛植或群植
29	金叶络石	夹竹桃科	常绿地被	彩叶地被,有较强耐阴性,适合庭院中群植

续表 2-1

序号	植物名	科　属	类　型	园林用途
30	布克荚蒾	忍冬科	常绿灌木	常绿花灌木,喜侧方遮阴,适合庭院孤植或丛植
31	欧洲琼花	忍冬科	落叶灌木	落叶花灌木,开花繁茂,适合庭院孤植或丛植
32	普拉梗斯荚蒾	忍冬科	常绿灌木	常绿花灌木,开花繁茂,适合庭院孤植或丛植
33	银边熊掌木	五加科	常绿灌木	常绿灌木,耐阴,适合林下群植
34	花叶香桃木	桃金娘科	常绿灌木	常绿灌木,枝叶繁密,生长慢,适合整型修剪,可作绿篱
35	银焰火棘	蔷薇科	常绿灌木	常绿灌木,枝叶繁密,适合整型修剪,可作绿篱
36	穗花牡荆	马鞭草科	落叶灌木	落叶灌木,蓝色花序,耐干旱瘠薄,适合庭院孤植或丛植
37	澳洲朱蕉	百合科	常绿灌木	常绿彩叶灌木,有一定耐阴性,适合庭院孤植或丛植
38	红星朱蕉	百合科	常绿灌木	常绿彩叶灌木,有一定耐阴性,适合庭院孤植或丛植
39	百子莲	百合科	多年生草本	宿根花卉,长江以南地区近常绿,花序高大,花色艳丽,适合群植
40	火星花	鸢尾科	多年生草本	宿根花卉,开花繁茂,花色鲜艳,可作花境材料
41	常绿萱草	百合科	多年生草本	适应性强,长江以南地区近常绿,花色艳丽,可群植观赏或作花境材料
42	花叶蒲苇	禾本科	观赏草	观赏草,可丛植观赏或作花境材料
43	矮蒲苇	禾本科	观赏草	观赏草,可丛植观赏或作花境材料
44	山菅兰	百合科	多年生草本	常绿多年生草本,果实蓝色,可群植作地被

续表 2-1

序号	植物名	科 属	类 型	园林用途
45	毛地黄	玄参科	宿根草本	宿根花卉,花大色艳,可作地被或花境材料
46	松果菊	菊科	宿根草本	宿根花卉,花境材料
47	宿根天人菊	菊科	宿根草本	宿根花卉,花境材料
48	紫叶千鸟花	柳叶菜科	宿根草本	宿根花卉花,境材料
49	银边芒	禾本科	观赏草	观赏草,可丛植观赏或作花境材料
50	晨光芒	禾本科	观赏草	观赏草,可丛植观赏或作花境材料

注:数据来源 http://lhsr.sh.gov.cn

(二)上海彩叶植物应用概况

近年来,上海城区绿地中部分重点应用的色叶观花乔灌木,如表 2-2 所示。

表 2-2　上海常见彩叶植物种类

	植物名	科 属	性 状
单色叶类	紫叶李	蔷薇科李属	紫色小乔木
	榉树	榆科榉属	红色秋叶乔木
	南天竹	小檗科南天竹属	红色秋冬叶灌木
	金丝桃	藤黄科金丝桃属	红枝、秋色黄叶灌木
	红花檵木	金缕梅科檵木属	红叶灌木或小乔木
	红枫	槭树科槭树属	红叶小乔木
	鸡爪槭	槭树科槭树属	红叶小乔木
	银杏	银杏科银杏属	黄色秋叶乔木
	紫锦草	鸭跖草科紫锦草属	紫叶草本
	紫叶小檗	小檗科小檗属	紫叶灌木
	樟树	樟科樟属	黄色新叶乔木

续表 2-2

	植物名	科　属	性　状
单色叶类	瓜子黄杨	黄杨科黄杨属	黄色新叶灌木或小乔木
	红瑞木	山茱萸科株木属	红枝、秋冬红叶灌木
	木槿	锦葵科木槿属	黄色秋叶灌木或小乔木
	金叶女贞	木犀科女贞属	金黄新叶灌木
	鹅掌楸	木兰科鹅掌楸属	黄色秋叶乔木
	爬山虎	葡萄科爬山虎属	红色秋叶藤本
	鸡冠花	苋科青葙属	紫叶草本
	石楠	蔷薇科石楠	红色新叶灌木或小乔木
	栀子	茜草科栀子属	黄色秋叶灌木
	十大功劳	小檗科十大功劳属	红色秋叶灌木
	枫香	金缕梅科枫香属	红叶乔木
	山麻杆	大戟科山麻杆属	红枝、紫红色新叶灌木
	乌桕	大戟科乌桕属	红色秋叶乔木
	红叶石楠	蔷薇科石楠属	红叶灌木
	红叶甜菜	藜科甜菜属	红紫叶草本
	紫叶美人蕉	美人蕉科美人蕉属	紫叶草本
	红羽毛枫	槭树科槭树属	红叶小乔木
	黄金间碧玉竹	禾本科筋竹属	黄秆丛生型灌木竹类
	紫叶酢浆草	酢浆草科酢浆草属	紫叶草本
	元宝枫	槭树科	紫红叶乔木
	臭椿	苦木科	紫红叶乔木
	朴树	榆科	黄叶乔木
	珊瑚朴	榆科	黄叶乔木
	贴梗海棠	蔷薇科	红叶灌木
	樱桃	蔷薇科	红叶灌木
	栾树	无患子科	红叶乔木

续表 2-2

	植物名	科属	性状
单色叶类	金叶黄杨	黄杨科	金叶灌木
	紫叶桃	蔷薇科	紫色小乔木
	洒金千头柏	柏科	金叶灌木
	金叶桧	柏科	金叶灌木
	金山绣线菊	蔷薇科	金叶灌木
	金焰绣线菊	蔷薇科	橙红叶灌木
花叶类及斑叶类	吊兰	百合科吊兰属	花叶草本
	斑叶凤尾竹	禾本科筋竹属	黄叶矮型丛生灌木竹类
	羽衣甘蓝	十字花科甘蓝属	彩叶草本
	金脉美人蕉	美人蕉科美人蕉属	花叶草本
	花叶玉簪	百合科玉簪属	花叶草本
	大吴风草	菊科大吴风草属	花叶草本
	斑叶夹竹桃	夹竹桃科夹竹桃属	斑叶灌木或小乔木
	彩叶草	居形科鞘蕊花属	花叶草本
	菲白竹	禾本科赤竹属	花叶矮型丛生型灌木竹类
	花叶秋海棠	秋海棠科秋海棠属	彩叶草本
	斑叶女贞	木樨科	黄绿色斑灌木
	花叶蔓长春	荚竹桃科蔓长春花属	常绿蔓性藤本
	金心大叶黄杨	卫矛科卫矛属	花叶灌木
	斑叶扶芳藤	卫矛科卫予属	斑叶藤本
	洒金东瀛珊瑚	山茱萸科桃叶珊瑚属	花叶灌木
	斑叶木槿	锦葵科	黄斑小乔木
	金心冬青卫矛	卫矛科	黄斑小灌木
	花叶锦带花	忍冬科	叶缘黄色灌木
	金边黄杨	黄杨科	叶缘黄色灌木

续表 2-2

	植物名	科 属	性 状
镶边类	金边大叶黄杨	卫矛科	金黄色叶缘灌木
	金边扶芳藤	卫矛科	金黄色叶缘灌木
	银边扶芳藤	卫矛科	银白色叶缘灌木
	金边冬青卫矛	卫矛科	金黄色叶缘灌木
	银边冬青卫矛	卫矛科	银白色叶缘灌木
	金边胡颓子	胡颓子科	金黄色叶缘灌木
	金边六月雪	茜草科	金黄色叶缘灌木

1. 秋色叶树种 一些落叶树种，在秋季因温度、空气湿度以及光线的改变，导致叶片内的叶绿素、花青素、胡萝卜素与叶黄素等色素的比例变化，不同树种的叶片色素间的变化比例也不同，从而使不同的树种和植株表现出不同的颜色变化。在上海城市绿地中，适生且秋季叶色表现良好的秋色叶树种有 41 种，主要表现为秋季黄色叶、红色叶和紫红色叶。秋季表现黄叶植物景观的树种主要有鹅掌楸、北美鹅掌楸、杂交马褂木、复叶槭、珊瑚朴、银杏、复羽叶栾树、黄山栾树、黄连木、枣树、无患子、金丝垂柳、白栎、麻栎等；表现红叶景观的树种主要有茶条槭、中华槭、鸡爪槭、连香树、南酸枣、柿、卫矛、火焰卫矛、肉花卫矛、丝棉木、海滨木槿、乌桕、盐肤木、火炬漆等；表现褐色或暗紫红色叶景观的树种主要有三角枫、池杉、落羽杉、东方杉、墨西哥落羽杉、五角枫、朴、算盘子、枫香、北美枫香、榉树、椰榆等。

2. 常色叶树种 上海绿地中表现良好的常色叶树种重点推荐有 35 种，其中冬季落叶型的有 19 种，主要是红枫、紫叶小檗、华紫珠、红叶椿、紫叶加拿大紫荆、深紫黄栌、金叶风箱果、紫叶风箱果、紫叶矮樱、紫叶李、美人梅、紫叶桃、金叶刺槐、花叶祀柳、金叶接骨木、紫叶锦带、花叶锦带、金边马褂木等。冬季不落叶型树种重点推荐有 16 种,主要是金叶亮叶忍冬、红花檵木、火焰南天竺、红罗宾石楠、强健石楠、锣木石楠、石楠、日本金冠柏、日本花柏、蓝冰柏、金心胡颓子、金心黄杨、黄金球柏、金叶桧柏、金叶美国香柏等。

3. 观花乔木　绿地上的乔木花卉为上海城市绿地的"春景秋色"景观水平的提升起着重要作用。上海绿地中表现良好的观花乔木重点推荐有 32 种,主要是白玉兰、红玉兰、紫玉兰、二乔玉兰、日本早樱、浙江七叶树、合欢、木瓜、山楂、紫薇、银薇、西府海棠、紫花海棠、海棠花、乐昌含笑、醉香含笑、日本晚樱、梅、桃、紫叶桃、碧桃、寿星桃、良种刺槐、红花刺槐、槐树、紫丁香等。

4. 花灌木　花灌木的合理化、规模化推广应用,是营建上海城市绿地"春景秋色"的重要环节,因此对花灌木的合理选择非常重要。经过多年的引种积累和近几年的引种驯化和推广,上海的适生性花灌木品种比较丰富,经过对应用效果的分析,初步推广约 66 种。大的类群主要有锦带类、八仙花类、海棠类、木槿类、绣线菊类等,植物的适生性和景观效果都非常好,而且拥有大量的品种:锦带类如双色锦带、紫叶锦带、红王子锦带、花叶锦带等,海棠类如贴梗海棠、木瓜海棠。其他在上海表现良好的花灌木还有大花六道木、大叶醉鱼草、伞房决明、海滨木槿、红千层、郁李、茶梅、喷雪花、锦鸡儿、冰生澳疏等。

5. 观花藤本　上海绿地中的墙面和立柱的垂直绿化,也是"春景秋色"的重要内容,选择好的植物品种尤为重要。在上海城市绿地中,这一类植物还不够丰富,主要是美国凌霄、布朗忍冬、郁香忍冬、京红久金银花、忍冬、红花金银花、现代藤本月季、木香、重瓣黄木香、花叶蔓长春花、多花紫藤、紫藤等。

6. 观果与观杆类　在秋季,上海绿地中一些树种的果实具有很高的观赏性,如火棘、香泡、柑橘、山茱萸、山楂、柿、木半夏、金心胡颓子、菲油果、红果金丝桃、拘骨、石榴、枣树等;而在冬季,观杆植物因树叶凋零而露出具有很好景观效果的枝干,如红瑞木、光皮树、金丝垂柳、火焰柳等。

（三）部分园林新优植物简介

1. 大花六道木　忍冬科常绿灌木，单叶对生，叶卵形，色泽金亮，小枝红色，花于叶腋生或枝顶开放，花冠粉白色，茂密有芳香，粉色萼片宿存，甚为美丽，花期长达 4 个月。栽培品种主要有金边(叶)大花六道木、粉红六道木及"矮美人"大花六道木。花自 5 月至 10 月络绎不绝，略带芳香，金黄色叶和白中带粉的花朵非常优美，是目前替代金叶女贞等黄色系列灌木的优良品种。性喜阳，耐干旱，喜温暖湿润气候，对土壤要求不严，生长强健。

2. 大花山梅花　虎耳草科落叶灌木，高达 1.5 米，枝具白髓。单叶对生，叶亮绿色，叶较一般山梅花宽大。花纯白色、单瓣，单生于枝顶，春季和夏季各开 1 次花，花期长，花大，花径达 5～7 厘米。喜光，耐寒，耐干旱，怕水湿。扦插、分株繁殖。本品种花大色纯，叶形秀丽，宜成群种植于庭院或街头。

3. 栎叶雪片八仙　虎耳草科落叶灌木，高约 1 米，叶 5～7 裂，似栎叶，秋季转为紫铜色，枝条粗壮，叶与枝条表面布满锈毛，乳白色的圆锥花序长达 40 厘米，硕大下垂，萼片至花后期转为粉红色，花期 5～9 月。性喜半阴，喜温暖湿润气候，喜排水良好富含腐殖质的酸性土壤。

4. 长花雪球荚蒾　忍冬科落叶灌木，叶卵形，表面皱褶有毛，球状的聚伞花序可达 8 厘米，花序边缘有大型白色不孕花，花期 4～10 月。其生长密集，高度大于蓬径。性喜光，略耐阴，长势强健，十分耐寒，喜生长于排水良好的酸性和中性土壤上。

5. 费氏石楠　蔷薇科常绿灌木，小枝红色，叶长卵形，春季其当年萌发枝条上的叶子全转为鲜红色，并在整个生长季节中都维持这一观赏特点。性喜半阴，在富含有机质土壤上生长良好。树形秀丽，春天叶色鲜红，可作绿篱或庭院观赏树。

6. 金叶挪威槭　槭树科落叶乔木，枝叶繁茂，呈扩展形，叶亮绿,有乳白色宽边,先叶后花,花鲜黄绿色,圆锥花序,春季开花。性喜光,耐半阴,极耐寒,忌干燥,适应性强,生长强健,为世界优良行道树种,适于街道和公园种植。

7. 卡利帝十大功劳 小檗科常绿小灌木,高可达3米,枝丛生直立,羽状复叶,深绿色有光泽,叶大,总状花序簇生,花黄色,花期秋至翌年早春。喜温暖湿润气候,耐阴,对土壤要求不严,适用于庭院观赏或作花篱。

8. 金边扶芳藤 卫矛科常绿藤本,茎匍匐或攀缘,有气生根。叶卵圆形,边缘金黄,冬叶红色,在全光照和半阴环境均生长良好,强健,对土壤要求不严,极耐寒,耐旱,耐瘠薄,繁殖以扦插和压条为主,扦插一年四季均可,成活率高。栽培管理粗放,一般不作修剪。该种叶色油亮,入冬叶色红艳,叶小紧密,匍匐能力强,做地面覆盖植物效果好。相近的有银边扶芳藤,叶缘乳白色,冬叶红色;金心扶芳藤,叶深绿色,中间金黄色斑,其茎也为黄色,外形开展,叶片黄绿相间,是一种极好的地面覆盖物。

9. 熊掌木 五加科熊掌木属常绿灌木,系八角金盘与常春藤杂交而成,兼有两者的优点,叶片有光亮,忌阳光直射,观赏价值高,但−3℃以下易受冻,冬季应注意防冻。

10. 多花筋骨草 唇形科筋骨草属多年生常绿草本,1998年从美国引入。叶紫褐色,5~6月、9~10月间开花,密集的深蓝色花朵成片开放,极为壮观。分蘖性强,易繁殖,喜半阴,耐湿,抗干旱,耐低温。

11. 美国改良红枫 槭树科槭属落叶乔木,先花后叶,喜肥沃深厚、排水良好的微酸性土壤,耐中度盐碱。在贫瘠的土壤中生长不良,高温干旱季节,叶片易灼焦。夏末秋天易受刺蛾等食叶害虫危害,应加强防治。10月中旬叶子渐渐转为红色,11月下旬落叶,色叶期较短。美国改良红枫的栽培品种较多,目前引入的品种主要有北方之红、南方之秋、夕阳红、十月光辉、秋焰槭等,不同品种的适应性和生长表现略有不同。

12. 黄花凌霄 紫葳科落叶藤本,主要特点是花为橙黄色,花期 8～9 月,蔓可达 10 米,喜光,耐半阴,对土壤要求不严,可用于垂直绿化。

13. 川鄂爬山虎 葡萄科落叶藤本,卷须,叶掌状五裂,深裂至叶基部,叶脉明显。叶缘疏锯齿,在生长季中,叶表现为亮绿色,叶背粉红色,入秋霜降后,叶色渐转为深红色,十分亮艳。十分耐寒,喜阴,对土壤及气候适应能力很强,生长迅速,一年可长至 2～3 米,蔓可达 15 米。种植在驳岸边,当年即可形成良好的景观效果。生长快,萌发力强,可用于墙面、廊柱、棚架绿化。

14. 紫花长春蔓 夹竹桃科常绿小灌木,高 10～15 厘米,匍匐生长,茎易着地生根,叶片椭圆形,长 1.5～2 厘米,花蓝紫色,4 月开放。喜光,喜湿润肥沃土壤,作地被或盆栽观赏。

15. 绿角桃叶珊瑚 山茱萸科常绿灌木,与原种区别:叶厚革质,深绿色,叶缘有尖角,生长势强健,三年生苗便可开花结实。可用于树林中作下木。

16. 地中海荚蒾 忍冬科荚蒾属常绿灌木,叶片光亮,从花蕾期到花期均具有很高的观赏价值,并可持续 5 个月之久。该品种喜冷凉湿润的环境,耐 -10℃ 低温。但 35℃ 以上的高温易引起叶片灼焦,甚至热害至死,应适当遮阴。

17. 水果蓝 唇形科石蚕属常绿灌木,枝条开展,具野趣,花期 4～5 月,全株蓝色,颇具异国情调,可作花境、花篱或剪成球形。适宜温度为 -7℃～35℃,喜肥沃、排水良好的土壤。

18. 花叶柳 杨柳科柳属落叶灌木,抗逆性强,扦插易成活。最大特点是 3 月至 6 月上旬满树白色且略带粉红的叶子随风摇曳,颇具青春气息。

19. 花叶槭 即粉红复叶槭,槭树科槭属,落叶乔木。叶掌状分裂,白绿复色,嫩叶略带粉红色,耐低温,耐干旱,耐贫瘠,但不耐水淹,生长速度快,抗烟尘能力强,枝叶繁茂,宜作庭荫树、行道树及防护树种。

20. 北美枫香 金缕梅科枫香属彩叶乔木。适应性较强,红色持续时间长,耐高温能力优于美国红枫,夏末初秋叶片逐渐变色,呈红、黄、紫等多种混合色彩。落叶时间迟,秋季正是北美枫香展现其独特风景的季节。

21. 彩叶马醉木 杜鹃科马醉木属常绿灌木或乔木,品种繁多,叶色多变。为日本马醉木与台湾马醉木的杂交种。目前引进的主要分观叶和观花两大系列。观叶系列有红叶、花叶及绿叶品种,观花系列有红花、白花品种,花期2~5月。彩叶马醉木的叶色会随着生长期的变化而变化,同一株会同时拥有红、粉、嫩黄、绿等色彩,绚丽多姿,景观效果突出,是欧美及日本流行的庭院彩叶树种。彩叶马醉木喜冷凉湿润、半阴的环境,不适宜碱性土壤,生境与杜鹃相似,但更耐寒,部分品种能在北方露地越冬。该品种不耐高温,在炎热的夏季生长表现不良。

22. 花叶络石 夹竹桃科络石属常绿木质藤本,是目前正在推广的优良园艺新品。花叶络石由红、白、绿3种颜色构成,恰似盛开的花朵,色彩极为绚丽多彩。而且其叶色会随着光照强度的变化而变化,观赏期以春、夏、秋为最佳,冬季因不长新叶,观赏效果较差。适当遮阴以利越夏。该品种长势较弱,发枝较少,株型瘦小,应加强其长势,在园林上可与其他品种搭配布置花坛、花境或作盆栽观赏。

23. 蓝冰柏 柏科柏木属常绿树种,株型直立紧凑,树叶全年呈现迷人的霜蓝色,春夏期间景观效果最佳,为蓝色系列品种中不可多见的优良景观树种,该品种可耐-25℃低温,又耐高温干旱,但不耐水渍,栽培时应种在排水良好、不易积水的地方。根系较浅,风力较大时应注意加固防吹斜倒伏。生长较快。年生长量可达0.8~1米。

24. 斑叶吴风草 菊科吴风草属多年生常绿草本,是吴风草的一个变种,长势弱于吴风草。该品种适应性强,喜湿润,忌阳光直射,较耐寒,耐粗放管理。株型饱满,叶色亮丽有金黄色斑点,生长快,秋季黄色的花朵开满枝头,用途广泛,可作阴生地被。

25. 金叶过路黄　报春花科珍珠菜属多年生常绿宿根草本,优良彩叶地被植物,匍匐生长,叶色金黄,冬季霜后略带暗红色,夏季开花,花形杯状、黄色。喜光、较耐寒、耐干旱,在沙质土壤中表现良好,但不耐积水。

26. 红叶石楠　蔷薇科石楠属杂交种的统称,为常绿小乔木,株高4～6米,叶革质,长椭圆形至倒卵披针形,春季新叶红艳,夏季转绿,秋、冬、春三季呈现红色,霜重色逾浓,低温色更佳。做行道树,其杆立如火把;做绿篱,其状卧如火龙;修剪造景,形状可千姿百态,景观效果美丽。红叶石楠因其新梢和嫩叶鲜红而得名,是集观赏价值高、抗逆性强等诸多优势于一身的植物材料。常见的有红罗宾和红唇两个品种,其中红罗宾的叶色鲜艳夺目,观赏性更佳。春、秋两季,红叶石楠的新梢和嫩叶火红,色彩艳丽持久,极具生机。在夏季高温时节,叶片转为亮绿色,给人清新凉爽的感觉。

第三章
园林植物配置与造景

植物造景就是应用乔木、灌木、藤本及草本植物等素材,通过艺术手法,结合考虑各种生态因子的作用,充分发挥植物本身的形体、线条、色彩等方面的美感,创造出与周围环境相适应、相协调,并表达一定意境且具有一定功能的艺术空间。其科学性和艺术性均较突出。植物造景时树种的选择,如何进行植物配置等涉及到植物的生物学特性及生态习性等科学问题;另外,也涉及到美学中有关意境、季相、色彩、对比、统一、韵律、线条、轮廓等艺术性问题。一组优秀的植物景观,既要能保证植物自身的健康生长,也要为人产生视觉上的愉悦感受。

植物在景观设计中的美化装饰作用是其他景观要素无可替代的。植物是有生命的物质,在自然界中已经形成了固有的生态习性。在景观表现上有很强的自然规律性和"静中有动"的时空变化特点。植物的自然生长规律形成了"春华、夏荫、秋实、冬姿"的四季景象。这种随自然规律而"动"的景色变换使园林植物造景充满生命力。

园林是时代精神的反映,随着城市化的不断发展,环境污染与生态破坏加剧,人民生活水平的提高及旅游事业的发展,对园林环境的要求也越来越高。而要真正提高园林环境质量,需要更加重视植物的作用。为此,当今世界上对园林这一概念已不仅是局限在一个公园或风景点中,而是从国土规划就开始注重植物景观,同时也加强了对乡土植物这一地域特征的关注。

一、园林植物的选择

（一）正确选择园林植物的重要性

任何一处优美的植物景观,必须是科学性与艺术性两方面的高度统一。既要满足植物与环境在生态适应上的统一,又要通过艺术构图原理体现出植物个体及群体的形式美,以及人们在欣赏时所产生的意境美,这是植物造景的一条基本原则。风景园林设计中,如果所选择的植物不能与种植地的环境相适应,就会生长不良甚至不能成活,就更谈不上达到植物造景的要求;如果所设计的植物群落不符合自然群落的发展规律,就难以生长发育达到预期的艺术效果。所以,正确选择绿化植物是园林绿化建设中成功的关键步骤之一。

此外,正确选择绿化植物还是达到特定艺术氛围及特殊功能要求的需要。如在纪念性绿地中,多选择松、柏等常青类树木以示庄严、肃穆,而在一些街道绿地、小游园中,常选择活泼明快的花木以体现其休憩、娱乐的功能效应。在工矿区绿化设计中,植物的抗污染性、吸收有毒气体和粉尘的能力是首先需要考虑的属性之一。绿化植物的选择正确与否,还最终决定了该绿化工程是否经济合理,若一味地追求高档、外来树种,不但会导致建设及养护费用高,效果还可能会不尽如人意,甚至适得其反。

（二）园林植物的选择原则

园林植物是风景园林的主体,选择合适的植物种类,是关系到工程成败的关键因素之一。园林植物的选择,在宏观上要顺应生态园林建设的基本要求,微观上遵循以下原则。

1. 适地适树,满足植物生态要求　适地适树就是要选择适合在绿化地点的环境条件下生长的树种,尊重植物自身的生态习性,也就是说,当地的环境条件必须能满足所选择的树种生长发育的要求。如垂柳好水湿,有下垂的枝条、嫩绿的叶色、修长的叶形,适宜栽植在水边;红枫弱阳性、耐半阴,枝条婆娑,阳光下红叶似火,但是夏季孤植于阳光直射处易遭日灼,故宜植于高大乔木的林缘区域;桃叶珊瑚的耐阴性较强,喜温暖湿润气候和肥沃湿润土壤,与香樟的生长环境条件相一致,是香樟林下配置的良好绿化树种,如果配置在郁闭度较低的棕榈林下就会生长不良。一般说来,本地区的乡土树种和以往绿化大量使用的树种是适应本地区生长的。在绿化树种选择时,应当调查本地区有哪些乡土树种,同时也应对古树名木做一番调查,因为古树具有几百年甚至上千年的生长历史,长期经历了当地的极端气候的考验。总之,适地适树是树种选择的总原则。

植物除了其固有的生态习性,还有其明显的自然地理条件特征。不同区域的地带性植物经过长期进化与周围的环境形成了良好的互利互补的适应关系,而改变植物的生长环境必然要付出沉重的代价。"大树进城"的初衷虽然是好的,在短期内可以改善城市的绿化面貌,但事实上,很多"大树"是从乡村挖来的野生大树甚至古树名木,不仅移植成本高,恢复生长慢,成活率低,而且也间接地破坏了植物原生地的生态环境。其实真正的"大树"应该是在苗圃里培育的,经过移植,根系发育良好的胸径为8～15厘米大规格苗木,或者是在特殊情况下,如道路改、扩建,单位绿地调整,或过密植物群落中抽稀所产生的移植树木,这些树木经过移植确实可以在短期内适应环境条件,用在园林绿地中,与其他植物相得益彰地配置可以达到一定的景观效果和生态效益。

2. 满足绿化的主要功能要求　城市不同地域对绿化功能的要求各有侧重。有的地域以美化装饰为主,有的以冠大庇荫为主,有的以防护隔离为主。因此,在选择植物材料时,应考虑绿地的主要功能,同时兼顾其他功能。

3. 适应性强,具有抗污染的性能　要求植物能起良好的防护作用,成为绿色屏障。首先,要使植物正常生长;其次,基于城市化与工业化发展产生的环境污染,选择绿化材料时,应选择具有适应不良环境条件、抗污染能力强的植物种类。

4. 病虫害较少,易于管理 城市环境,尤其是工矿区因环境遭受不同程度的污染,影响到植物正常的生长发育。植物生长受到抑制后,抗病虫害的能力减弱,又易感各种病虫害。所以,应选择生长良好、发病率低的植物。一般来说,乡土树种生命力、适应性强,能有效地防止病虫害大暴发,常绿与落叶树分隔能有效地阻止病虫害的蔓延,林下植草比单一林地或草地更能有效利用光能、保持水土并易于管理。

5. 经济实惠 在城市绿化中,要尽可能选用本地培育的苗木。因为本地苗木不但栽植成活率高,而且运输费少,苗木价格低,既可以降低造价,又能使园林充分体现地方特色。另外,可适当选择一些不需精心修剪和养护管理,具有一定经济价值的树种,如柿树、核桃等。并注意将快速生长和缓慢生长树种结合起来,能保证在短期内形成景观。植物的配置要注重自身与整体的生态效益:城市绿地要严格选择植物材料,在选择中,除考虑适地适树、色彩美和形态美、注意与周围的环境相协调外,在城市生态环境退化的今天,还要考虑其自身以及植物群落的生态效益。从生态效益上讲,"复合混交层"(指不同乔、灌、花、草合理搭配所构成的植物群落)的应用更为合理,而且展示了一种更为自然、富有野趣的风景;不同树种的科学搭配构成的植物群落才能更加稳定长久,也更有利于调节城市环境的生态平衡。一般植物的配置在满足各植物生态习性的条件下多采取乔、灌、花、草相结合,落叶树和常绿树相结合的形式,以草坪为背景,以几种高大乔木(落叶、常绿)为基调树种,用碧桃、连翘、木槿等花灌木以及其他花草进行点缀,达到生态效益、美化环境的双重作用。

植物选择还应体现植物造景的作用,展现愉悦的生活空间。植物材料除了美化城市环境、调节生态环境等作用外,长久以来,某些植物被赋予了深厚的文化内涵,与人们的思想感情发生着千丝万缕的联系。如松的永恒、竹的虚心、兰的情操、海棠的娇艳、杨柳的多姿、牡丹的富华、芍药的尊贵、玫瑰的灼热,都给人以不同的感受。又如用攀缘植物凌霄、地锦、扶芳藤、蔷薇等进行垂直绿化,在克服城市绿化面积不足、改善环境等方面有独特的作用。而建立某些专类园,如月季园、牡丹园、桂花园、木兰园等还有利于植物的科普教育,让居民更为深刻地了解大自然。

城市中建筑密集,线条生硬,缺少柔和,植物景观用生趣盎然、随季节变换的景观来调剂人们精神上的呆滞与疲劳。在生态学原理的指导下,大量经过艺术配置的各种植物为人们创造出了美丽的自然空间,植物造景将为城市的发展产生深远的影响。

二、园林植物的配置

植物配置是风景园林的重要组成部分。园林植物配置包括两个方面:一是各种植物相互之间的配置,考虑植物种类的选择,树丛的组合、平面的构图、色彩、季相以及园林意境;二是园林植物与其他园林要素相互之间的配置。植物是园林绿地的主体,也是生态服务功能的主要提供者,所以提高绿化率成为城市绿化的首要任务。

传统上认为:"植物造景就是应用乔木、灌木、藤本及草本植物来创造景观,充分发挥植物本身形体、线条、色彩等自然美,配置成一幅幅美丽动人的画面,供人们观赏"。传统园林植物配置和植物造景主要停留在景观设计层面,注重局部的植物景观视觉艺术效果。但随着园林范畴的扩大,植物景观也应从传统的视觉领域中突破,从城市生态等大环境的角度来构筑合理的园林植物景观体系。园林植物景观的科学性应该体现在植物景观规划设计的不同层面,不仅体现在对植物种植立地条件的科学选择、植物群落的科学结构等层面,还应该体现在区域、城市或整体的科学布局结构上。

随着我国城市化进程速度的加快,现代园林建设的需求日益增大。从传统园林中的庭院栽植以及花坛、花境设计到现今的城市开放空间、河湖绿化、城市景观营造、湿地公园、郊野公园等大尺度的规划设计,以及屋顶花园、生态修复、废弃地修复治理等项目的增加。现代风景园林包含的内容越来越趋于综合、多样化,涉及的专业领域也越来越多。

（一）植物配置原则

园林植物的配置总是根据因地、因时、因材制宜的原则,来创造园林空间的景变(主景题材的变化)、形变(空间形体的变化)、色变(色彩季相的变化)和意境上的诗情画意,力求符合功能上的综合性、生态上的科学性、配置上的艺术性、经济上的合理性、风格上的地方性等要求。

1. 因地制宜　因地制宜是要根据绿化所在地区气候的特点,不同的立地环境条件,不同的绿地性质、功能和造景要求,结合其他造园题材,充分利用现有的绿化基础,合理地选择植物材料,力求适地适树,采用不同的植物配置形式,合理密植,组成多种多样的园林空间,满足人们游憩、观赏、锻炼等多种活动功能的需要。公园、小游园、街头绿地等要求活泼明快,四季有花、有果、有香、有形、有绿、有景。在植物配置时,应多选用一定数量的花灌木、种植一定数量的宿根花卉及相当面积的草坪;在儿童公园等儿童活动场所,则应多选择些趣味性植物种植,如蒲包花、三色堇、含羞草等,以满足孩子们的好奇心,增加吸引力;在中、小学校的校园绿化中,可结合中、小学校的生物课教学,尽可能将生物教科书上出现的植物及常见的名树名花(如十大名花),各地的市树市花用于校园绿化,可同时取得教学、科普、绿化等多方面的功效;而烈士陵园、寺院、祠墓、碑刻、古迹则要求庄严肃穆,植物的选择必须注意其体型大小,色彩浓淡,并同建筑物的性质与体量相适应,才能相得益彰;庄严的殿堂等建筑,一般用高大的乔木作陪衬和烘托,以取得体型和色彩上的对比,并以葱茏的常绿树作为背景;轻快的廊、榭、轩则宜点缀姿态优美、绚丽多彩的花木。

继承和发扬中国古典园林在植物配置上的优良传统,如坛庙的主要院落多以松柏为主,适当点缀柘树、银杏、古槐等,而庭院用玉兰、海棠、迎春、牡丹和桂花等传统植物,及"移竹当窗"、"栽梅绕屋"、"槐荫当庭"等配置方式。这些古典而经典的植物配置方式已成为我国民族文化的一部分。

在植物配置时除基调树种外,还应当选用一定数量的观赏花木,种植一定数量的草本花卉,并留出一定数量的草坪形成多层次绿化。同一城市不同区域地段的环境条件差异很大,在园林植物选择和配置中应加以区别对待。

因地制宜还表现为植物在不同地方应发挥不同的功能与作用:如可用绿色植物遮挡不利于景观的物体,营造隐蔽、幽静的封闭空间,以及分隔不同功能的景区等;其次是修饰和完善建筑物构成的空间,以及将不同的、孤立的空间景物连接在一起,形成一个有机的整体;再次是植物配植可以形成某个景物的框景,起装饰以这个景物为主景的画面的框景作用,并利用植物的不同形态及色彩作为某构筑物的背景或装饰,从而引导观赏者的注意力;而在街道绿带和商业区的绿化带,其主要功能是降尘减噪,所以要选用枝叶茂密、分枝低、叶面粗糙、分泌物多的常绿植物,并尽可能营造较宽的绿带,形成松散的多层次结构;在工矿区,防治大气污染是这些区域园林绿化的主要目的,宜选用抗污染能力强、能吸收分解有毒物质、净化大气环境的植物。

2. 因时制宜 风景园林空间景观的特点是随时间的变化而改变其形态,这就要求作植物配置的时候既要考虑当前的绿化效果,又要考虑长远的效果,也就是要注意保持园林景观的相对稳定性。另外,园林植物是随着季节的变化形成不同的季相特色,而园林景物的四季变化多取决于植物的季相变化,正因为有了季相,才有春花秋实、夏日浓荫及霜叶红于二月花的金秋时节,让人流连忘返。

因时制宜首先体现在植物配置中远近结合的问题,这其中主要是考虑好快长树与慢长树的比例,掌握好常绿树、落叶树的比例。还应注意乔、灌木的比例,草坪地被植物的应用。植物配置中合理的株行距也是影响绿化效果的因素之一。从长远考虑,应该根据成年树木树冠大小来决定种植距离,但这样在相当长的一段时间内会显得稀疏,绿化效果不好;要想在近期取得较好的绿化效果,需要适当缩小种植距离,几年后再移植。此外,用苗规格和大小的比例也是决定绿化见效早晚的因素之一。在植物配置中还应该注意乔木和灌木的搭配。灌木多丛生状,枝繁叶茂,而且有鲜艳的花朵和果实,可以使绿地增加层次,可以组织分隔空间。另外,植物配置时,切不可忽视草坪和地被植物的应用,因它们有浓密的覆盖度,而且有独特的色彩和质地,可以将地面上不同形状的各种植物有机结合成为一体,如同一幅风景画的基调色,并能迅速产生绿化效果。

风景园林景观季节的变化取决于植物的季相变化,这就要求不同的城市绿地,或同一绿地不同的景区,都要有丰富多彩的季相景观,使四季有景可赏又各有特色。季相变化中最显著的是色彩,其次是果实,如很多植物(特别是落叶植物)的叶子早春是嫩绿色或嫩黄绿色,夏天变为翠绿色或深绿色,而秋天又变成红色、黄色、紫色等。抓住植物材料季相变化中色彩的变化,创造出不同的园林景色也是植物配置中应注意的,还有些植物是随时间的推移而改变其形态的。

3. 因材制宜 植物配置要根据植物的生态习性及其观赏特点,全面考虑植物在造景上的观形、赏色、闻香、听声的作用。结合立地环境条件和功能要求,合理布置。如若选材不当,不仅影响植物的成活和生长,而且降低植物题材的观赏效果。

在植物的选材方面,应以乡土植物为主。乡土植物是城市及其周围地区长期生存并保留下来的植物,它们在长期的生长进化过程中,已经形成了对城市环境的高度适应性,应成为城市园林植物的主要来源。外来植物对丰富本地植物景观大有益处,但引种应遵循"气候相似性"的原则进行。城市绿地中土壤普遍板结、贫瘠,缺乏肥沃的表土和良好的结构,而城市街道的高铺装率又使城市雨水的90%以上都经下水道排走,导致城市土壤条件十分恶劣。耐瘠薄耐干旱的植物有十分发达的根系和适应干旱的特殊器官结构,成活率高,生长较快,较适于作为城市绿化植物,尤其是行道树和街道绿化植物。

4. 群落稳定性 园林植物群落不仅要有良好的生态功能,还要求有观赏性。所以,对于城市植物群落,保持其景观质量的相对稳定极为重要,但植物群落随着时间的推移必然会发生演替,这就要求在设计和配置过程中充分考虑到群落的稳定性,具体可采用以下措施:一是在群落内尽可能多配置不同的植物,提高植物对环境空间的利用程度,同时大大增强群落的抗干扰性,保持其稳定性。二是人为的干预可以在一定程度上加快或减缓植物群落的演替,如在干旱贫瘠耐旱的地段上,园林绿化初期必须配置耐瘠耐旱的阳性植物以提高成活率加快绿化进程,在其群落景观维持至首批植物自然衰亡后,可自然演替至中性和以耐阴性植物为主的中性群落。

5. 生态经济原则 城市园林绿化以生态效益和社会效益为主要目的,但这并不意味着可以无限制地增加投入,而应该遵循生态经济原则,以尽可能少的投入获得最大的生态效益和社会效益。多选用寿命长、生长速度中等、耐粗放管理的植物。除了某些特殊地段外,少用阴性植物或采用阳性植物和耐阴植物混种。在街道绿化中将穴状种植改为带状种植,尤以宽带为好。这样可以避免践踏,为植物提供更大的生存空间和较好的土壤条件,并可使落叶留在种植带内,避免因焚烧带来的污染和养分流失,还可以有效地改良土壤,同时对降尘减噪有很好的效果。合理组合多种植物,配置成复层结构,并合理控制栽植密度,以防止由于栽植密度不当引起的树冠偏冠、畸形、树干扭曲等现象,严重影响景观质量。

6. 生物多样性的原则　在风景园林建设中,植物种类趋同,正影响着园林绿化事业的长远发展。长期以来,由于各种原因,城市园林存在着植物群落结构单调,物种种类较少,自然地带性植被特色不显著,所形成的群落结构脆弱,极易向逆行方向演替等问题,其结果是草坪退化,树木病虫害增加。而为了维持这种简单的园林生态系统,就需要强化肥水管理、病虫害防治、整形修剪等工作,进而导致成本加大。增加园林植物配置中的生物多样性,最基本的应从以下几方面着手:

(1)**彰显植物特色,丰富植物种类**　物种多样性是生物多样性的基础。植物配置为了追求立竿见影的效果,可能轻易放弃了许多优良的物种,出现否定某些不能达到设计效果的植物、否定慢生树种、抛弃小规格苗木等现象。其实,每种植物都有各自的优缺点,植物本身无所谓低劣,关键在于如何运用这些植物,将植物运用在哪个地方以及后期的养护管理技术水平。因此,在植物配置中,应该尽可能地挖掘发挥植物的各种特点,考虑如何与其他植物搭配。如一些适应性较强的落叶乔木有着丰富的色彩、较快的生长速度,就可与常绿树种搭配,一起构成复层群落的上木部分。并为秋天增添丰富的色相,为冬天增添阳光,为春天增添嫩绿的新叶,为夏天增添阴凉。还有就是要提倡大力开发运用乡土树种,乡土树种适应能力强,不仅可以起到丰富植物多样性,而且还可以使植物配置更具地方特色。

(2)**构建丰富的复层植物群落结构**　构建丰富的复层植物群落结构有助于生物多样性的实现。单一的草坪与乔木、灌木构成的复层群落相比,不仅植物种类有差异,而且在生态效益上也有着显著的差异。草坪在涵养水源、净化空气、保持水土、消噪吸尘等方面远不及乔、灌、草组成的植物群落,并且大量消耗城市水资源,养护管理费用很高。良好的复层结构植物群落将能最大限度地利用土地及空间,使植物能充分利用光、温、气、水、肥等自然资源,产生出比草坪高数倍乃至数十倍的生态经济效益。乔木能改善群落内部环境,为中、下层植物的生长创造较好的小生境条件;小乔木或者大灌木等中层树可以充当低层屏障,既可挡风,又能增添视觉景观;下层灌木或地被可以丰富林下景观,保持水土,弥补地形不足。同时,复层结构群落能形成多样的小生境,为动物、微生物提供良好的栖息和繁衍场所,配置的群落应该招引各种昆虫、鸟类和小兽类,形成完善的食物链,以保障生态系统中能量转换和物质循环的持续稳定发展。

(3)构建多样的园林植物景观与园林生态系统 生态系统多样性是指不同生境、生物群体以及生物圈生态过程的总和。它表现了生态系统结构多样性以及生态过程(能流、物流和演替等)的复杂性和多变性。保护生态系统多样性尤为重要,因为无论是物种多样性还是遗传多样性都是寓于生态系统多样性之中。景观多样性,是指不同类型的景观要素或生态系统在结构、功能方面的多样性。景观水平的生物多样性即景观多样性,已越来越受到人们的重视,它不仅在理论上对于认识生物多样性的分布格局、动态监测等具有重要意义,在实践上对区域规划和管理、评估人类活动对生物多样性的影响等方面,均具有广阔的应用前景。在物种、群落多样性的基础上,构建园林植物景观与园林生态系统多样性才能最终达到生物多样性的目标。如城市园林绿化系统中水生生态系统、岩石生态系统、森林生态系统、草地生态系统等各种生态系统及其景观的有机组合,其生物多样性无疑要比单一的生态系统要高。

(二)植物配置类型

园林绿化树木种类繁多,若布置失调,容易陷入杂乱无章的局面。植物配置应考虑园林植物的功能、艺术构图和植物本身的

生物学特性,并根据这三个方面的要求做出合理的布置。传统园林植物的配置类型主要有:

1. 孤植　园林中的优型树,单独栽植时,称为孤植。孤植的树木,称之为孤植树,有时在特定的条件下,也可以是两株到三株,紧密栽植,组成一个单元。但必须是同一树种,这看起来和单株栽植效果相似。孤植树的主要功能是构图艺术上的需要,作为局部空旷地段的主题,或作为园林中庇荫与构图艺术相结合的需要。孤植树作为主景适用于反映大自然中个体植株充分生长发育的景观,外观上要挺拔繁茂、雄伟壮观。孤植树选择应具备以下几个基本条件:即树的体型巨大,树冠轮廓要富有变化,树姿优美,开花繁茂并具芳香,季相变化明显,树木不含毒素,不污染环境,花果不易撒落等。如广玉兰、银杏、枫香、槭树、雪松、榕树、白皮松等,均为孤植树中的代表树种。孤植树作为园林空间的主景,常用于大片草坪上、花坛中心、小庭院的一角与山石相互成景之处。

2. 对植　对植是指两株树按照一定的轴线关系作相互对应成均衡的种植方式。主要用于强调公园、建筑、道路和广场的入口,同时结合庇荫、休息,在空间构图上作为配景使用。对植依种植形式的不同,分对称种植与不对称种植两种,对称种植多用于规则式种植构图,不对称种植多用于自然式园林。对称种植时,必须采用体型大小相同、种类统一的树种,它们与构图中轴线的距离,亦须相等。不对称种植,树种也必须统一,但体型大小和姿态,则不宜相同,其中与中轴线的垂直距离近者,宜种大些的树,远者宜种小一些的树,并彼此之间要有呼应,虽不对称,但必须是均衡的。对植也可以在一侧种大树一株,而在另一侧种植同种(或不同种)的小树 2 株。同理类推,两个树丛或树群,只要它们的组合成分相似,也可以进行对植。

3. 丛植　将树木成丛地种植在一起,称为丛植。丛植通常是由 2～9 株乔木构成的,树丛中加入灌木时,数量可以更多。树丛是园林绿化中重点布置的一种植物配置类型,它可用两种以上乔木搭配,或乔、灌木混合配置,有时亦可与山石、花卉相组合。它以反映树木群体美的综合形象为主,但这种群体美的形象又是通过个体之间的组合来体现的,彼此之间有统一的联系又有各自的变化,互相对比、互相衬托。同时,组成树丛的每一株植物,也都要能在统一的构图之中表现其个体美。所以,选择作为树丛的单株树木的条件与孤植树相似,应挑选在蔽阳、树姿、色彩、芳香、季相等方面有特殊价值的树木。丛植是园林中普遍应用的方式,可用作主景或配景,也可作背景或隔离措施。配置宜自然,符合艺术构图规律,力求既能表现植物的群体美,也能表现树种的个体美。树丛配置的形式分 2 株配合、3 株配合、4 株配合、5 株配合、6 株以上配合等许多种类(图 3-1 至图 3-3)。

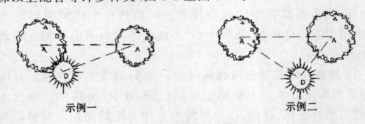

示例一　　　　　　　　　　　　　　示例二

图 3-1　3 株树丛配合方式

4. 群植　群植是以 1~2 株乔木为主体,与数种乔木和灌木搭配,组成较大面积的树木群。树木的数量较多,以表现群体为主,具有"成林"的效果。群植常设于草坪上,道路交叉处。此外,在池畔、岛上或丘陵坡地,也可设置。组成树群的单株数量一般在 20~30 株以上,树群主要表现群体美。它与孤植树和树丛一样,是构图上的主景之一。树群规模不宜太大,构图上要四面空旷。树群的主要形式是混交树群,混交树群大多由乔木层、亚乔木层、大灌木层、小灌木层及多年生草本植被五个层次构成。其中每一层都要显露出来,显露部分应该是该植物观赏特征突出的

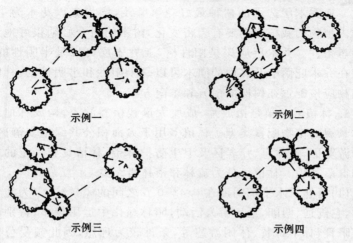

图 3-2　4 株树丛配合方式

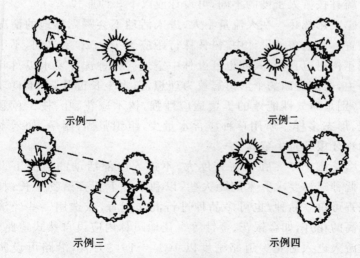

图 3-3　5 株树丛配合方式

部分。乔木层树冠的姿态要特别丰富，使整个树群的天际线富于

变化。亚乔木层选用的树种最好花繁叶茂,灌木应以花木为主。树群内植物的栽植距离要有疏密变化,树木的组合必须很好地结合生态条件。乔木层应该是阳性树,亚乔木层可以是半阴性的,种植在乔木庇荫下及北面的灌木可以是半阳性和半阴性的,喜暖的植物应该配置在树群的南方和东南方。

5. 林植 林植是指成片、成块大量栽植乔灌木,构成林地或森林景观的植物配置类型。林植多用于大面积公共绿地安静区、风景游览区,或休息、疗养区及卫生防护林带,林植具有一定的密度和群落外貌。林植可分为疏林和密林两大类

(1)疏林 水平郁闭度在 0.4~0.6 之间的风景林,多为纯乔木林,它舒适、明朗,适于游人活动,园林绿化中运用较多,特别是春秋晴日,林下野餐、休闲游憩等,条件较为理想,因此颇受公众喜爱。

疏林按游人密度的不同,可设计成以下 3 种形式。

①草地疏林 在人流量不大,进入活动不会踩死草地的情况下设置。草地疏林设计中,树林株行距应为 10~20 米之间,不小于成年树树冠直径,其间也可设林中空地。树种选择要求以落叶树为主,树荫疏朗的伞形树冠较为理想,树木生长健壮,对不良环境,特别是通气性能差的土壤适应性强,树木应花、叶、枝干色彩美观,形态多样。所用草种应含水量少,组织坚固,耐旱,如禾本科的狗牙根和野牛草等。

②花地疏林 在人流密度大,不进入内部活动的情况下设置。此种疏林要求乔木间距大些,以利于林下花卉植物生长;林下花卉可单一品种,也可多品种进行混交配置,或选用一些经济价值高的花卉,如金银花、金针等。花地疏林内应设自然式道路,以便游人进入游览。道路密度以 10%~15% 为宜,沿路可设园椅、石凳或花架、休息亭等,道路交叉口可设置花丛。

③疏林广场 在人流密度大,又需要进入疏林活动的情况下设置。林下全部为铺装广场。

（2）密林　水平郁闭度在 0.7～1 之间的风景林。单纯密林是由一个树种组成，简洁、壮观，但缺乏垂直郁闭景观和季相交替景观。混交密林设计中应注意如下方面。

第一，成层结构于密林的不同部位作不同处理。林缘部分垂直成层结构要突出，适当地段安排两层结构，以将游人视线引入林层内，形成幽深景观，并安排林高 3 倍以上的观赏视距。为诱导游人，主干路及小溪旁可配置自然式的花灌木带，形成林阴花径；自然小路旁，植物水平郁闭密度可大些，垂直郁闭度要小，最好 2/3 以上地段不栽高于视线的灌木，以便透视出深处的林中景观。

第二，密林的水平郁闭密度不应均匀分布。在需要能见度高的情况下，水平郁闭度可小于 0.7；需要能见度低的情况下，水平郁闭度可大于 0.7，同时要留出大小不同的林中空地。

第三，密林的混交方式可用自然点、块状混交及常绿、落叶树混交。混交密林的设计，基本与树群相似，但由于面积大，无须做出每株树的定点设计，只做几种小面积的标准定型设计就可以。

6. 篱植　篱植是指由灌木或小乔木以近距离的株行距密植，栽成单行或双行，结构紧密的种植形式，对应的植物景观就是绿篱。

绿篱的主要作用和功能是：分隔空间与围护作用，用于设计绿篱迷宫；屏障视线，美化挡土墙、遮蔽建筑基础、遮蔽强光；降温、减弱风速，减低噪声，防火，防风固沙等防护作用；增加绿色景观，欣赏新春的嫩绿、晚秋的叶色和观花、观果，作为花境、喷泉、雕塑等园林小品的背景；交通安全作用，如在车行道与人行道之间的绿篱起到安全与绿化的作用，在道路的分隔带栽植绿篱可阻挡对面车辆的眩光，增加行车安全。

篱植按植物种类及其观赏特性可分为树篱、彩叶篱、花篱、果篱、枝篱、竹篱、刺篱、编篱等，根据园景主题和环境条件精心选择筹划，会取得不俗的植物配置效果。

篱植按其高度可分为矮绿篱（0.5 米以下）、中绿篱（0.5～1.5

米)、高绿篱(1.5米以上)和绿墙(2米以上)。矮篱的主要用途是围定园地和装饰;高篱的用途是划分不同的空间,屏蔽景物。用高篱形成封闭式的透视线,远比用墙垣等有生气。高篱作为雕像、喷泉和艺术设施景物的背景,尤能营适美好的气氛。绿墙主要供防风之用的常绿外篱。修剪须使用脚手架,故在其两旁须预留狭长的空地。

篱植按养护管理方式可分为自然式和整形式,前者一般只需少量的调节生长势的修剪,后者则需要定期进行整形修剪,以保持体形外貌。在同一景区,自然式篱植和整形式篱植可以形成完全不同的景观。

作为篱植用的植物以长势强健,萌发力强,生长速度较慢,叶子细小,枝叶稠密,底部枝条与内侧枝条不易凋落,抗性强,尤以能抗御城市污染的为佳。

篱植的栽植方法是在预定栽植的地带先行深翻整地,施入基肥,然后视篱植的预期高度和种类,分别按20、40、80厘米左右的株距定植。定植后充分灌水,并及时修剪。养护修剪原则是:对整形式篱植应尽可能使下部枝叶多见阳光,以免因过分荫蔽而枯萎,因而要使树冠下部宽阔,愈向顶部愈狭,通常以采用正梯形或馒头形为佳。对自然式篱植必须按不同树种的各自习性以及当地气候采取适当的调节树势和更新复壮措施。

7. 列植 列植是指沿直线或曲线以等距离或在一定变化规律下栽植树木的方式。列植的树种一般比较单一,但考虑到季节的变化,也可用两种以上间栽。常选用的是落叶树和常绿树的搭配。列植可细分为以下4种。

(1)行植 在规则式道路、广场上或围墙边缘,呈单行或多行的,株距与行距相等的种植方法。

(2)正方形栽植 按方格网在交叉点种植树木,株行距相等。

(3)三角形种植 株行距按等边或等腰三角形排列。

(4)长方形栽植 正方形栽植的一种变形,其栽植特点为行距大于株距。

8. 环植 环植是指同一视野内明显可见、树木环绕一周的列植形式。它一般处于陪衬地位,常应用于树(或花)坛及整形水池的四周。环植多选用灌木和小乔木,形体上要求规整并耐修剪的树种。树木种类可以单一,亦可两种以上间栽。

9. 基础种植 基础种植是指用灌木或花卉在建筑物或构筑物的基础周围进行绿化、美化栽植。基础种植的植物高度一般低于窗台,色彩宜鲜艳、浓重。

10. 花坛 花坛是指在一定范围的畦地上按照整形式或半整形式的图案栽植观赏植物以表现花卉群体美的园林设施。花坛的分类方法有以下几种。

(1) 按其形态 可分为立体花坛和平面花坛两类。平面花坛又可按构图形式分为规则式、自然式和混合式三种。

(2) 按观赏季节 可分为春花坛、夏花坛、秋花坛和冬花坛。

(3) 按栽植材料 可分为一、二年生草花坛、球根花坛、水生花坛、专类花坛(如菊花坛、翠菊花坛)等。

(4) 按表现形式 可分为:花丛花坛,是用中央高、边缘低的花丛组成色块图案,以表现花卉的色彩美;绣花式花坛或模纹花坛,以花纹图案取胜,通常是以矮小的具有色彩的观叶植物为主要材料,不受花期的限制,并适当搭配花朵小而密集的矮生草花,观赏期特别长。

(5) 按花坛的运用方式 可分为单体花坛、连续花坛和组群花坛。现代又出现移动花坛,由许多盆花组成,适用于铺装地面和装饰室内。

花坛的设计:首先必须从周围的整体环境来考虑所要表现的园景主题、位置、形式、色彩组合等因素。具体设计时可用方格纸,按1∶20至1∶100的比例,将图案、配置的花卉种类或品种、株数、高度、栽植距离等详细绘出,并附实施的说明书。设计者必须对园林艺术理论以及植物材料的生长开花习性、生态习性、观赏特性等有充分的了解。好的设计必须考虑到由春到秋开花不断，做出在不同季节中花卉种类的换植计划以及图案的变化。

花坛用草花宜选择株形整齐、具有多花性、开花齐整而花期长、花色鲜明、能耐干燥、抗病虫害和矮生性的品种。常用的有金盏菊、金鱼草、雏菊、石竹、翠菊、鸡冠花、矮牵牛、一串红、三色堇、万寿菊等。

花坛主要用在规则式园林的建筑物前、入口、广场、道路旁或自然式园林的草坪上。中国传统的观赏花卉形式是花台，多从地面抬高数十厘米，以砖或石砌边框，中间填土种植花草。有时在花坛边上围以矮栏，如牡丹台、芍药栏等。

11. 花缘 一种花坛形式，用比较自然的方式种植灌木及观花草本植物，呈长带状，主要是供从一侧观赏之用。也叫做花境或花径。

花缘按所种植物分为1年生植物花缘、多年生植物花缘和混合栽植的花缘，而以后者为多。在设计上，花缘宜以宿根花卉为主体，适当配植一些1～2年生草花和球根花卉或者经过整形修剪的低矮灌木。一般将较高的种类种在后面，矮的种在前面，但要避免呆板的高矮前后列队，偶尔可将少量高株略向前突出，形成错落有致的自然趣味。为了加强色彩效果，各种花卉应成团成丛种植；注意各丛团间花色、花期的配合，要求在整体上有自然的调和美。常以篱植、墙垣或灌木丛作背景。花缘的宽度一般为1～2米，如果地面较宽，最好在花缘与作背景的篱植之间留1.2～1.3米空地种草皮或铺上卵石作为隔离带，以免树根影响花缘植物的生长，又便于对花缘后方植物和绿篱的养护管理。由于宿根花卉会逐年扩大生长面积，所以在最初栽植时，各团丛之间应留有适当空间，并种植1～2年生或球根花卉填空。对宿根花卉可每3～4年换植1次，也可每年更换一部分植株，以利植物的更新和复壮。平日应注意浇水和清除杂草及枯花败叶，保持花缘的优美秀丽和生机盎然的状态。初冬应对半耐寒的种类，用落叶、蒿草加土覆盖以便安全越冬。

12. 攀缘与垂直绿化 利用攀缘植物装饰建筑物的一种绿化形式,可以创造生机益然的氛围。攀缘绿化除美化环境外,还有增加叶面积和绿视率、阻挡日晒、降低气温、吸附尘埃等改善环境质量的作用。攀缘根据其攀缘方式可分为缠绕类、吸附类、卷须类、叶攀类、钩刺类等类型。

(1)攀缘绿化的特点

①**用途多样** 攀缘绿化是攀缘植物攀附在建筑物上的一种装饰艺术,绿化的形式能随建筑物的形体而变化。用攀缘植物可以绿化墙面、阳台和屋顶,装饰灯柱、栏栅、亭、廊、花架和出入口等,还能遮蔽景观不佳的建筑物。

②**占地很少** 攀缘植物因依附建筑物生长,占地很少。在人口多、建筑密度大、绿化用地不足的城市,尤能显示出攀缘绿化的优越性。

③**繁殖容易** 攀缘植物繁殖方便,生长快,费用低,管理简便。草本攀缘植物当年播种,当年发挥效益。木本攀缘植物,通常用扦插、压条等方法繁殖,易于生根,有的一年可繁殖数次。

(2)攀缘植物的选择 根据绿化场地的性质选择相应吸附或攀附能力的攀缘植物,例如墙面绿化覆盖,宜选吸附力强有吸盘或气生根的植物;花架、阳台、栅栏等的绿化装饰,可选择攀附能力较强、有缠绕茎、卷须或钩刺的植物。此外,要根据攀缘植物的生态习性,因地制宜地选择植物种类。耐寒性较强的爬山虎、忍冬、紫藤、山葡萄等适宜于中国北方栽培;而在中国南方,除上述植物外,还可用常春藤、络石、凌霄、薜荔、常春油麻藤、木香等。喜阳的凌霄、紫藤、葡萄等宜植于建筑物的向阳面;耐阴的常春藤、爬山虎等宜植于建筑物的背阴处。

(3)垂直绿化 垂直绿化就是绿化与地面垂直的线与面,它包括建筑物的墙面、围墙、栅栏、立柱和花架等方面的绿化,它与地面绿化相对应,在立体空间进行绿化,不仅可以增加建筑物的艺术效果,使环境更加整洁美观、生动活泼,还具有占地少、见效快、绿化效率高等优点。根据绿化场所的不同,城市绿化可以分为墙面绿化、屋顶绿化、棚架绿化、陡坡绿化等。目前,应用于垂直绿化的植物主要是攀缘植物但不限于攀缘植物。近年来,全国各地对如何在本地实现垂直绿化进行了研究和探讨,并进行了不少实践,垂直绿化取得了较大的发展。以下是几种城市垂直绿化应用的新技术。

垂直绿化植物种植新技术。其主要组成部分是一个具有一定的弹性、通气性和不透水性的软性包囊,包囊由一片非纺织而成的材料做成,如聚酯、尼龙、聚乙烯、聚丙烯等。包囊可以并列地分成多个格,每个格开若干裂缝,数量和间距根据绿化的需要而定。绿化时,将包囊水平放置,将泥土倒入缝隙内,再种上植物,种植后将包囊沿墙体表面吊起,植物向外。最后加入适量的水,以促进植物的生长。这种绿化方式可以根据墙体的具体情况,精细地对墙体绿化,达到理想的绿化效果。

用于垂直绿化的构件。垂直面绿化构件的垂直面有排列有序、向上倾斜的花草导出管和与花草导出管相连通的空腔,构件的上方有弯钩、凹口,下方有凸片,便于施工安装。在空腔中植入培植基,通过花草导出管植入花草即能起到垂直绿化的目的。

组合式直壁花盆。它包含底盆托架和多单元连体花盆,该连体花盆是由多只盆口向上的单元花盆依次固定在一直壁上而成的,连体花盆以最末一个单元插嵌在底盆托架的托盆中。根据柱形建筑物的高度,可用多组多单元连体花盆叠置至所需高度,以上一组多单元连体花盆的最末一个单元插嵌在下一组的最上一个单元内,可任意调节高度。

可以种植植物的水泥防护墙。这种防护墙为钢结构,基部 H 钢与地面平行,而悬空 H 钢则与地面成一个角度。在钢结构上加上钢丝和透水性水泥层、合适的绿化土壤,就可以在上面种植植物了。

（三）多样性应用

为解决当前园林植物配置中缺乏多样性的问题，应加强以下几个方面的应用。

1. 以人为本，人性化设计 园林绿地是城市人们生活中最重要的人居环境。在园林设计和植物配置中，人性化设计就是要构筑符合人体尺度和人的需要的园林空间，特别在对居住区、街旁绿地、城市公园、学校等城市居民和儿童经常活动游憩的场所，植物配置更要注重"以人为本"的设计原则。设计师需要掌握人们生活和行为的普遍规律。受生活模式、风格习惯等的影响，不同人对同一空间可能会采取不同的使用方式，只有当特定的线索对应了人的行为规范时，设计才具有意义。街道和公园道路两旁的行道树是受人欢迎的；和谐柔美的自然式植物配置和起伏的地形能带给人舒适愉悦感；大家都喜欢接近能散发出香味、开花结果或色彩丰富的植物，而不喜欢发出臭味、带刺、有毒、病虫害严重的植物；自然的或者修剪的灌木作为低层的绿篱，它们的形态、叶、花、果更易被人们亲近和欣赏等。这些看似简单平常的规律可以为设计带入很多的人情味，只要从人的角度出发，认真考虑人的尺度和需求，就能将单调乏味的设计变得丰富。

2. 彩色植物与季相的应用 园林植物配置中，彩色植物应用不足，导致风景园林色彩单一。色彩的选择不当，不仅会削弱观赏性，甚至可能带来负面效应。例如，在一些中小学校园里种植了许多常绿植物，如雪松等深绿的叶色呈现了庄严肃穆的感觉，同青少年活泼爱动特点是不太相符的。在可供绿化配植的植物中，许多植物色彩是十分丰富的。例如传统栽培的鸡爪槭、红枫、红叶李等色彩鲜艳。数以百计的叶色各异的灌木和地被植物，只要配置得当，不同的季节，植物会呈现出不同的色彩，令人感觉到大自然的季节转换。

植物配置中除了彩色植物的配置，季相的应用也十分重要，特色鲜明的季相,能给人以时令的启示,增强季节感,表现出园林景观中植物特有的艺术效果。如春季山花烂漫,夏季荷花映日,秋季硕果满园,冬季蜡梅飘香等。要求园林具有四季景色是就一个地区或一个公园总的景观来说;在局部景区往往突出一季或两季特色,以采用单一种类或几种植物成片群植的方式为多。如杭州苏堤的桃、柳是春景,曲院风荷是夏景,平湖秋月是秋景,孤山踏雪赏梅是冬景。为了避免季相不明显时期的偏枯现象,可以用不同花期的树木混合配置、增加常绿树和草本花卉等方法来延长观赏期。如无锡梅园在梅花丛中混栽桂花,春季观梅,秋季赏桂,冬天还可看到桂叶常青。杭州花港观鱼中的牡丹园以牡丹为主,配置红枫、黄杨、紫薇、松树等,牡丹花谢后仍保持良好的景观效果。

在不同的气候带,植物季相表现的时间不同。北京的春色季相比杭州来得迟,而秋色季相比杭州出现得早。即使在同一地区,气候的正常与否,也常影响季相出现的时间和色彩。低温和干旱会推迟草木萌芽和开花;红叶一般需昼夜温差大时才能变红,如果霜期出现过早,则叶未变红而先落,不能产生美丽的秋色。土壤、养护管理等因素也影响季相的变化,因此季相变化可以人工控制。为了展览的需要,甚至可以对盆栽植物采用特殊处理来催延花期或使不同花期的植物同时开花。

3. 植物配置以生态学为指导 很多精心设计的绿地除了为人服务,似乎与其他自然要素无关,如很少有城市的植物配置是为野生生物的栖息和保育来设计的。长久以来,城市绿地建设一直把植物当作城市景观美化装饰的工具来对待,而植被作为其他物种的栖息地的作用往往被忽视。虽然生态学思想在越来越多的园林设计中被运用,但是往往只停留在表面,而没有树立科学的生态观来指导植物配置。植物是一种具有生命发展空间的群体,是可以容纳众多野生生物的重要栖息地,而动物是人类的朋友,只有将人和自然和谐共生为目标的生态理念运用在植物配置中,设计才更具有可持续性。

4. 园林植物综合功能的利用　园林植物除了观赏功能外,还有防尘、隔音、净化空气、保持水土等诸多功能。例如夹竹桃具有很强的抗二氧化硫作用,在发电厂和钢铁厂周围种植,能够净化空气;法国冬青具有抗燃烧的功能,在易燃的房屋周围种植,可以起到一定的防火作用;大面积的草坪在遇到地震等自然灾害时,可以成为避灾的场所。因此,在风景园林建设中,应根据不同环境和不同需要,进行人性化设计,而不是搞一些"面子工程"、"形象工程"。

5. 立体空间的利用　当前风景园林建设正朝着利用立体空间方向发展。不仅可以在地面上进行乔、灌、草的搭配种植,屋顶、墙体和高架桥上也可进行绿化。从植物特性看,每种植物都具有不同生态位、占据不同的空间。因此,将乔、灌、草、藤和地被植物搭配种植,可以充分利用空间。在我国的园林规划中对藤本植物和地被植物资源的利用还没有给予足够的重视。中国有丰富的藤本植物和地被植物资源,可以用来进行墙体、坡面和走廊绿化的藤本植物有爬山虎、五叶地锦、美国凌霄、金银花、藤本月季、云实、葡萄、紫藤等多种;可以用来进行林间和坡面绿化的地被植物有常春藤、红花酢浆草、迎春花、微型月季等。

中国的园林植物资源非常丰富,在园林规划设计中,应该充分利用这些自然资源,以人为本,利用一切可以利用的植物,以创造一个花团锦簇、五色斑斓和满目苍翠的绿色空间。

三、各类园林植物配置

(一)草坪植物配置

多年生矮小草本植株密植,并经人工修剪成平整的人工草地称为草坪,不经修剪的长草地域称为草地。尽管综合生态效益相对较低,草坪仍是风景园林中不可缺少的要素,它除了具有一定的改善环境的功能外,主要是在园林绿地中具有独特的艺术功能,能创造园林空间,引导视线,衬托主景、突出主题,增加景深和层次,并能充分表现地形美,表现时空的变化;它不仅可以独立成景,还可以将园林中不同色彩的植物、山石、水体、建筑等多个要素统一于以其为底色的园林景观之中,并协调各种造园要素,减少园林的郁闭度,增加明朗度,使园林更具艺术效果。草坪已经成为城市园林绿地中重要的基础材料,是园林景物的基调。用于城市园林草坪的草本植物主要有结缕草、野牛草、狗牙根草、地毯草、钝叶草、假俭草、黑麦草、早熟禾、剪股颖等。

1. 草坪的作用 园林景观设计中常常利用草坪创造园林空间,衬托主景、突出主题,还以之设计景观,表现时空的变化。

(1)创造园林空间 园林空间是一种生态与艺术空间。草坪空间对风景园林艺术构图极为重要,而影响草坪空间构图的主要因素,则是林缘线和林冠线的处理。要创造雄伟开阔的园林空间,可借助于地形及草坪周围树种的单纯,整齐的林冠线,树木平面前后错落,并保留一定的透视面,增加深度感,草坪中间不宜配置层次过多的树丛;若要造成封闭式空间,草坪面积宜小,周围应密植树丛、树群,并以孤植树、树丛、雕塑等作为草坪主景;若要营造咫尺山林的意境,则可借助于一定坡度的地形建立草坪,并以不同的树种、不同高度的树丛,组成层次丰富的林冠线,从而衬托出深邃的意境,再以地被植物隐没山坡的实际高度。

草坪的最大功能就是能够给游人提供一个足够大的空间和一定的视距以欣赏景物。人们在草坪中游玩时,不仅会被草坪这个平面吸引,而且草坪立面上的变化更能引起人们的关注和兴趣。因此,在设计园林景观时,要注意草坪立体空间全方位的设计。

(2)衬托主景、突出主题 草坪是园林绿化的重要组成部分,是丰富园林景物的基调。如同绘画一样,草坪是绘画的底色,而树木、花草、建筑、山石等则是绘画中的主调。园林中没有草坪，犹如一幅只画了主调而未画基调的没有完工的图画。一幅未完成的图画，无论其主调色彩如何绚丽，轮廓如何清晰，假如没有简洁的底色与基调与之对比和衬托，整幅画面则会显得杂乱无章，难以收到多样统一的艺术效果。目前，虽然有苋科的五色草能形成草坪，但它的适应性弱，繁殖困难，不能持久，所以草坪建植的材料多以绿色的禾本科植物为主。它是介于冷暖色的中间色相，可以衬托红、黄、白、紫等多种建筑和植物造型；蓝天白云下的绿色草地会使红、黄、白、紫色的景物更加绚丽。

（3）设计景观 利用草坪的形状、色彩和组织等特征可创造出变化无穷的园林景观，草坪最适用于表现平面的形态。利用草坪的几何形状可以设计各种规则的草坪花坛景观，各种不规则的草坪则可以调节景物的疏密和景深，这是表现力最强且用得最多的园林手法之一。利用草坪的色彩设计景观，除用绿色作为背景外，主要是利用草坪色彩的明度和纯度。而草坪草色彩的明暗度又因其品种的不同而不同，如黑麦草的叶片呈亮绿色，野牛草则呈灰绿色。此外，利用修剪与镇压可使草坪草叶片的方向发生改变，从而呈现深浅不同的色彩，如足球场草坪的花纹，除用不同品种混播外，主要是用镇压器压出而形成的。草坪的纯度，是指草坪草色彩的纯正程度，纯度越高，给人的感觉越鲜明。草坪的组织是草坪草表面或整体结构特性的外表形态，在造型艺术上称为质感。紫羊茅给人以致密的质感，高羊茅给人以粗糙的质感。利用不同质感的草坪草进行造型，即使都是绿色，人们一眼也能看出其差别，如同深色背景上再添加更深颜色的花纹，其艺术效果又不同。

（4）表现时空的变化 园林空间是包括时间在内的四维空间。草坪草的色彩随季节而变换，如一些早熟禾的品种，入秋后其叶色呈褐红色，而另外一些品种的则呈淡黄色。根据草坪草的季相变化，把草坪与其他造园要素配置组成各种造型，同一地点的不同时令即可展现出不同的园林景观。目前,许多绿化公司推出许多混播草花品种,其中不同的花卉开花时间不同,可形成不同时令的缀花草坪,从而表现出草坪绿地的时空变化。

2. 草坪的分类

(1)根据气候与地域分布分类 草坪草分为暖季型草坪草和冷季型草坪草两大类。冷季型草坪草的最适生长温度为15℃～25℃,其生长主要受到高温胁迫、极端气温的持续时间及干旱环境的制约。冷季型草坪草主要适宜种植在我国东北、西北、华北和华东、华中等长江以北的广大地区及长江以南的部分高海拔冷凉地区,其主要特点是绿色期长,色泽浓绿,管理需精细。可供选择的种类较多,包括早熟禾属、羊茅属、黑麦草属、翦股颖属、雀麦属及碱茅属等十几个属的40多个种的数百个品种。

暖季型草坪草最适生长温度为25℃～35℃,其生长主要受极端低温和持续时间的限制。适宜种植在热带及亚热带地区、中部温暖地区,其主要特点是耐热性强,抗病性好,耐粗放管理。多数种类绿色期较短,色泽淡绿,可供选择的种类较少,包括狗牙根属、结缕草属、画眉草属、野牛草属等10多个属20多个种的近百个品种。

(2)根据草叶的宽度分类 草坪草分为宽叶草类和细叶草类两大类。宽叶草类茎叶粗壮,生性强健,适应性强,适于大面积种植,如结缕草、地毯草、假俭草等。细叶草类茎叶纤细,可形成致密草坪,但生长势较弱,要求日光充足,土质良好,如细叶结缕草、早熟禾等。

(3)根据草种高矮分类 分为低矮草类和高型草类两大类。低矮草类株高一般在20厘米以下,可形成低矮致密的草坪,如结缕草、细叶结缕草、狗牙根等。高型草类株高通常30～100厘米,一般为种子繁殖,生长快,如早熟禾、黑麦草等。

(4)根据草坪植物品种的组合分类 分为单纯草坪、混合草坪和缀花草坪3类。单纯草坪是由一种草种组成的草坪。混合草坪是由两种或两种以上草坪植物混合组成的草坪。缀花草坪是以禾本科草本植物为主，混播少量开花华丽的其他多年生草本植物组成的草坪。

（5）根据布局形式分类　分为规则式草坪和自然式草坪。

①规则式草坪　草坪表面平整，而且外形为整齐的几何轮廓。它常和规则式园林布局相配合，设置在规则的场合，如花坛、花镜、道路的边缘装饰。有时也将它铺植在纪念塔、亭榭或其他建筑物周围起衬托作用。规则式草坪的植物配置比较简单，一般也是规则式的。

②自然式草坪　草坪表面起伏、外形轮廓曲直自然。这种形式多设置在森林公园或风景区的空旷、半空旷地段。自然式草坪在现代园林中的应用越来越多。

（6）根据用途分类

①游憩草坪　可开放供人入内休息、散步、游戏等户外活动之用。一般选用叶细、韧性较大、较耐踩踏的草种。

②观赏草坪　不开放，不能入内游憩。一般选用颜色碧绿均一、绿色期较长，能耐炎热、又能抗寒的草种。

③运动场草坪　根据不同体育项目的要求选用不同草种，有的要选用草叶细软的草种，有的要选用草叶坚韧的草种，有的要选用地下茎发达的草种。

④交通安全草坪　主要设置在陆路交通沿线，尤其是高速公路两旁，以及飞机场的停机坪上。

⑤保土护坡的草坪　用以防止水土被冲刷，防止尘土飞扬。主要选用生长迅速、根系发达或具有匍匐性的草种。

⑥其他草坪　如疏林草坪、林下草坪等。

3. 草坪草种选择　要想获得优美、健康的草坪，选择适宜的草坪品种是草坪成功建植的关键。选择草坪草种和品种的第一个基本原则是气候环境适应性原则，一个地区的气候环境是选择草坪草种的决定性因素。第二个基本原则是优势互补及景观一致性原则,即各地应根据建植草坪的目的、周围的园林景观,以及不同草坪草种和品种的色泽、叶片粗细程度和抗性等,选择出最适宜的草坪草种、品种及其组合。草坪作为园林绿化的底色,景观一致性原则是达到优美、健康草坪的必要条件。

4. 草坪建造 草坪建造主要有 4 种方法。

(1)直接播种草籽 一般在春、秋季进行。冷季型草多用此法。

(2)直接栽草 一般在春、夏季进行。中国北方地区多用此法。

(3)用茎枝段繁殖 一般在夏季或多雨季节进行。暖季型草坪多用此法。

(4)直接铺砌草块 温暖地区四季都能进行,中国北方夏、秋季用此法铺砌运动场草坪。

当前广泛采用直接播种建造草坪的方法。可用喷浆播种法把草籽、粘胶、肥料混合物喷到岩坡上强制种草,也可以把草籽预先放到无纺布上发芽、生长成草坪植生带,然后铺到地上形成草坪。直接播种法的优点是:草籽用量少,分布均匀,出苗整齐,能够防止杂草滋生,种在坡地上不致被水冲走,可以组成各种图案。此外,用种子或茎枝段预先在无土或薄土的情况下生产出草块,或是把带状草块卷成草卷,可供室内、室外随时铺设草坪,铺好后可立即成形。草坪建造目前趋向于工厂化育苗。

为了增强草坪草对环境条件胁迫的抵御能力,缩短草坪的枯黄期,提高观赏效果,可以采用混合播种的方法,混播的主要优势在于混合群体比单一群体具有更广泛的遗传背景,对外界条件具有更强的适应性。混播的不同组分在遗传组成、生长习性、对光、肥、水的要求、土壤适应性及抗病虫性等方面存在差异,混合群体具有更强的环境适应性和更好的综合表现,能达到优势互补。

混合播种有两种方法:一是种内的不同品种间的混合,例如,我国北方观赏草坪或草皮卷,常用草地早熟禾中不同品种的混合,组分常用 3～4 个品种,品种间的比例随品种特性有所变化;另一种是不同种类的草坪草种的混合,例如常用于运动场草坪草种的混合组合:高羊茅＋草地早熟禾,其比例随管理水平有所不同,但首先要满足景观一致性的原则,在这一混合组分中,由于高羊茅丛生特性和相对较粗糙的叶片质地,高羊茅必须是混播的主要成分,其比例一般在 85%～90%,如此形成的草坪才能达到景观一致的效果。

多年生黑麦草常用于混播组分中,充当先锋植物的作用。其发芽快,幼苗生长迅速,能快速覆盖地面,形成局部遮阴,给草地早熟禾种子发芽创造适宜的环境,并能在一定程度上抑制杂草的生长。另外,多年生黑麦草还用于暖季型草坪草的冬季补播,但由于过多的多年生黑麦草会对混播的其他组分的生存和生长造成威胁,因而多年生黑麦草的比例不应超过 50%。

建植优美的草坪是一项复杂的系统工程,除进行科学的品种选择外,还要选择适宜的建植时间、良好的坪床处理方式,并严格执行草坪的养护管理技术,才能获得优美的草坪。

5. 草坪植物配置

(1) 草坪主景植物配置　园林中的主要草坪,尤其是自然式草坪一般都有主景。具有特色的孤植树或树丛常作为草坪的主景配置在自然式园林中,常见配置方式有以下几种。

①孤植　孤植树能营造一种宁静祥和的氛围,但树形要符合孤植树的要求,或挺拔雄伟,或端庄幽雅,或具有美丽的花果等。适合在草坪上孤植的树木有枫香、雪松、华山松、金钱松、油松、云杉、南洋杉、池杉、广玉兰、樟树、七叶树、樱花、榕树、木棉等。另外,成丛的花灌木枝繁叶茂,花朵丰盛,也可看作孤植。

②对植　同一树种两株并列平行种植或前后种植,布局在草坪上作主景或配景。要求对植树应在姿态、大小方面有一定的差异,或一仰一俯,或一斜一直,或一高一低,以显得生动活泼。

③丛植　草坪上,一种植物成丛种植,要求姿态各异,相互呼

应;几种植物成丛种植,则讲究多种搭配,如常绿树与落叶树、观花树与观果树、乔木与灌木、喜阴树与喜阳树、针叶树与阔叶树等,这样才会有十分宽广的选择范围和灵活多样的艺术效果。如水杉、圆柏等,单株观赏时树体较为单薄、俏丽,孤植作主景体量欠丰满,而丛植更能充分体现其观赏特性,可用自然配置的树丛作为主景。为防止主景杂乱无章,主景树丛一般只选一个树种,几株丛植。各株间距要有所不同,体量也要有一定的差异。这样,树丛就会疏密有致,统一而不呆板。

④群植 草坪树群的配置,目的是在小面积的草坪上创造"林"的意境。以1~2种乔木为主,与数种乔木和灌木搭配,组成较大面积的树木群体,与草坪构成虚实相间、对比度最强的园林景观图。群植成片的树林可以形成阴暗对比,同时它所形成的垂直景观与地平线形成方向上的对比,林冠起伏使天际轮廓线也发生变化。树群四周若用灌木装饰林缘与林间空地,结合地形,则可使园林增添许多山林野趣。树群常作为树丛的背景种植于草坪和整个绿地的边缘。树种的选择和株行距可不拘形式,但它的色调、层次要求多彩丰富,树冠线要求清晰而富于变化。

(2)草坪配景植物配置 为了丰富植物景观,增加绿量,同时创造更加优美、舒适的园林环境,在较大面积的草坪上,除主景树外,还有许多空间是以树丛(树林)的形式作为草坪配景的。配景树丛(树林)的大小、位置、树种及其配置方式,要根据草坪的面积、地形、立意和功能而定。

①隔离树丛的配置 需要将草坪划分为不同的空间时,常用树丛来隔离。树种的选择、树丛的疏密要根据造景的需要而定。为了保持两个或多个空间的联系,使功能不同的空间统一于以草坪为底色的环境中,此时的隔离树丛要留出透景线,可以配置疏散栽植的高干乔木、低矮的灌木或草花。为了绝对隔离或隐蔽的需要,要配置结构紧密的隔离树丛。这样的树丛犹如一堵绿墙,多用在服务性或低矮的建筑物前,起遮挡游人视线的作用。树种

应选择分枝点低的乔木，或枝叶发达浓密、枝条开张度小的灌木，或乔、灌木混合栽植。为了创造优美的植物景观，树丛既要具有一定的厚度，又要具有丰富的林冠线和林缘线。

②成林式树丛的配置　由于城市绿地面积的限制，园林中的草坪面积多数不能满足人们娱乐、休息的需要。因此，要在面积相对较小的草坪上创造广阔的大自然的意境，让人领略到大自然的风光，必须在特殊地形的基础上，选择合适的树种，各树种间配置要体现艺术性。在地形起伏的草坪上，最易创造自然山林的意境。草坪上自由种植一片单一的、树冠高耸的高大乔木，既能增强树林的气氛，又能体现草坪的开阔与宽广。树下散置块石，以代桌凳，利用石块与大树的高低对比，更能增加山林的感觉，从而使人更深刻地领略到大自然山林的野趣。

③草坪庇荫树的配置　炎热的夏季，绿毯似的草坪会给人带来更多的凉意，人们习惯在草坪上休息。因此，草坪上的庇荫树是不可缺少的。庇荫树要求树冠庞大、枝叶浓密，枝下高 2.5～3.5 米。由于树形与庇荫效果关系较大，对其树形也有一定的要求。伞形、圆球形的树冠庇荫效果较好，圆柱形、圆锥形树冠只可利用侧方庇荫，一般少用作庇荫树。华北地区常用雪松、七叶树、元宝枫、合欢、栾树、麻栎、悬铃木、垂柳等作庇荫树。从庇荫树的配置看，孤立的大庇荫树宜设于周围比较空旷的地方。在其庇荫范围之内，最好少配置灌木与草花，以免减少庇荫面积。为增加庇荫面积或草坪面积较大时，可用庇荫树丛的形式来配置。庇荫树丛除了注意自然散植以避免呆板外，还要注意树丛的朝向，尤其是防止西晒。一般应取南北长、东西短，这样庇荫面积大；反之，庇荫面积小。

(3)草坪边缘植物配置　草坪边缘的处理，不仅是草坪的界限标志，同时又是一种装饰。自然式草坪由于其边缘也是自然曲折的，其边缘的乔木、灌木或草花也应是自然式配置的，既要曲折有致，又要疏密相间、高低错落。草坪与园路最好自然相接，避免

使用水泥镶边或用金属栅栏等把草坪与园路截然分开。草坪边缘较通直时,可在离边缘不等距处点缀山石或利用植物组成曲折的林冠线,使边缘富于变化,避免平直与呆板。

(4)草坪花卉配置 在绿树成荫的园林中,布局艳丽多姿的露地花卉,可使园林更加绚丽多彩。露地花卉,群体栽植在草坪上,形成缀花草坪,除其浓郁的香气和婀娜多姿的形态可供人们观赏之外,它还可以组成各种图案和多种艺术造型,在园林绿地中往往起到画龙点睛的作用。常用的花卉品种有水仙、鸢尾、石蒜、葱兰、三色堇、二月蓝、假花生、野豌豆等。

草坪上的植物种植方式多种多样,所构成的景观也各式各样。草坪与其他植物的配置,除种植方式不同外,还可以将草坪上的其他植物修剪成各种规则形态或动物造型,用不同的草坪恰当地表现植物景观的人工美。

(5)草坪植物的色彩搭配与季相

①草坪植物的色彩搭配 草坪本身具有统一而柔和的色彩,一年中大部分时间为绿色。从春至夏,色彩由浅黄、黄绿到嫩绿、浓绿,颜色逐渐加深,入冬后变为枯黄。草坪上植物色彩的搭配也要以草色为底色,根据造景的需要选择和谐统一的色彩。由于绝大多数植物的叶片是绿色的,配置在以绿色为底色的草坪上时,草坪与植物之间,相邻的植物之间在色度上要有深浅差异,在色调上要有明暗之别。为了突出主景,主景树有时选用常年异色叶、彩叶或秋色叶树种。丛植或片植时,各树种之间要根据色度分出层次。一般从前到后、由低到高逐层配置,相邻层次有一定的高差,植物色度也相应从浅到深,色调由明到暗。对于相近层次的色调,在需要突出不同花色时,应选用对比色或色度相差大的植物。此外,还应注意观花植物或秋色叶植物在不开花时或其他季节的色彩搭配,因为这段时间更长。

②草坪植物配置的季相变化 植物从早春萌芽、展叶,到开花、结实与落叶,无不是随着季节的变化而呈现出周期性的相貌

和色彩变化。北方的草坪在植物配置时,就要使北方园林中特有的季相变化充分展现出来,让春季花团锦簇、夏季浓阴覆地、秋季果实累累、冬季玉树琼枝充分体现北方植物多彩多姿的季相美。需要注意的是草坪上植物配置的季相是针对一个地区或一个园林景观而言的,更多的是突出某一季的特色,并不是要求园林中的每一块草坪都要兼顾各季的景观变化,尤其是在较小的范围内,如果将各季的植物全都配置在一起,就会显得杂乱无章。合理的草坪植物配置将使特定地区、特定园林植物景观既丰富又统一。

(6)草坪与园路的配置 园林道路是园林绿地的骨架和脉络,它不仅能起到导游作用,而且能产生连续风景序列布局,即所谓"步移景异"的效果。另外,优美的园路本身也是园林景色。主路两旁配置草坪,显得主路更加宽广,使空间更加开阔。在此路旁配置草坪,需借助于低矮的灌木,以抬高园路的立面景观,将园路与地形结合设计成曲线,便可营造"曲径通幽"的意境。若借助于观花类植物的配置,则可营造丰富多彩、喜庆浪漫的气氛,还有夹道欢迎之意。小路主要是供游人散步休息的,它引导游人深入园林的各个角落,因此草坪结合花、灌、乔木往往能创造多层次结构的景观。

另外,路面绿化中,石缝中嵌草或草皮上嵌石,浅色的石块与草坪形成的对比,可增强视觉效果。此时还可根据石块拼接不同形状,组成多种图案,如方形、人字形、梅花形等图案,设计出各种地面景观,以增加景观的韵律感。

(7)草坪与建筑的配置 园林建筑是园林中利用率高、景观明显、位置和体形固定的主要要素。草坪低矮,贴近地表,又有一定的空旷性,可用来反衬人工建筑的高大雄伟;利用草坪的可塑性可以软化建筑的生硬线条,丰富建筑的艺术构图。要创造一个对身体健康有益的生产生活环境,又是一个幽静、美丽的景观环境,这就要求建筑与周围环境十分协调,而草坪由于成坪快、效果

明显,常被用作调节建筑与环境的重要素材之一。但草坪一般用在现代园林中,而且常需要借助于其他的植物一起设计园林景观来与建筑进行配置。

(8)草坪与水体的配置 清澈、明净的水体,是园林中重要的构景要素。"园无草木,水无生机",园林中,水与草有着密切的关系。古诗云:"仰视垣上草,俯视阶下露"。草坪与水体的配置是从护堤开始的。

园林中的水体可以分为静水和流水。平静的水池,水面如镜,可以映照出天空或地面景物,如在阳光普照的白天,池面水光晶莹耀眼,与草坪的暗淡形成强烈的对比,蓝天、碧水、绿地,令人心旷神怡。草坪与流水的组合,清波碧草,一动一静的对比更能烘托园林意境。

(9)草坪与山石的配置 山石一直作为重要的造园要素之一,历代造园都有山石的佳例。"片山有致,寸石有情"。以石喻人、以石寄情是中国人民表达情感的特殊方式之一。在坪上布置山石时,必须反复研究、认真思考置石的形状、体量、色泽及其与周围环境(包括地形、建筑、植物、铺垫等)的关系,艺术地处理置石的平面及立体效果,突出山石的瘦、透、皱之美,创造一个统一的空间,再现自然山水之美。实际中常把置石半埋于草坪中,再利用少数花草灌木来装饰,一方面可掩饰置石的缺陷,另一方面又可丰富置石的层次。或者,在草坪上随意地摆设几块山石,也能增加园林的野趣。

草坪是园林景观设计中的基本要素,是众多种植形式之一。园林绿化应根据自己的条件,因地制宜地使用草坪,否则不仅会带来景观的单调和维护管理的负担,也不能达到健康环境的要求。因此,在园林景观设计中,草坪应该与地形(水体)、建筑、山石、园路等结合起来分析研究,充分利用草坪极其丰富的可塑性,设计出各种兼有实用性与观赏性的优美园林景观。

(二)地被植物配置

地被植物在现代园林中所起的作用越来越重要,是不可缺少的景观组成部分,通常在乔木、灌木和草坪组成的自然群落之间起着承上启下的作用,同时又有其独具的特点。园林地被植物与草坪相似,是一门新兴的应用科学。

1. 地被植物的概念 园林地被植物,是指那些有一定观赏价值、植株低矮、扩展性强、铺设于大面积裸露平地或坡地,或适于阴湿林下和林间隙地等各种环境覆盖地面的多年生草本和低矮丛生、枝叶密集,或偃伏性,或半蔓性的灌木以及藤本。地被植物比草坪更为灵活,在不良土壤、树荫浓密、树根暴露的地方,可以代替草坪生长(草通常在这些地方不能生长或生长不良)。

2. 地被植物的特点 地被植物主要有如下特性。

第一,多年生植物,常绿或绿色期较长,且种类繁多、品种丰富。

第二,地被植物的枝、叶、花、果富有变化,色彩万紫千红,季相纷繁多样。

第三,具有较为广泛的适应性和较强的抗逆性,生长速度快,可以在阴、阳、干、湿多种不同的环境条件下生长,能够适应较为恶劣的自然环境,弥补了乔木生长缓慢、下层空隙大的不足,在短时间内可以收到较好的观赏效果。在后期养护管理上,地被植物较单一的大面积的草坪,病虫害少,不易滋生杂草,养护管理粗放,不需要经常修剪和精心护理,减少了人工养护的成本。

第四,具有匍匐性或良好的可塑性,易于造型。

第五,植株相对较为低矮。在园林配置中,植株的高矮取决于环境的需要,可以通过修剪人为地控制株高,也可以进行人工造型或修饰成模纹图案。

第六,繁殖简单,一次种植,多年受益。

第七,具有发达的根系,有利于保持水土以及提高根系对土壤中水分和养分的吸收能力，或者具有多种变态地下器官，如球茎、地下根茎等，以利于贮藏养分，保存营养繁殖体，从而具有更强的自然更新能力。

第八，具有较强或特殊净化空气的功能，如有些植物吸收二氧化硫和净化空气能力较强，有些则具有良好的隔音和降低噪声效果。

第九，具有一定的经济价值，如可用作药用、食用或为香料原料，可提取芳香油等，以利于在必要或可能的情况下，将建植地被植物的生态效益与经济效益结合起来。

上述特性并非每一种地被植物都要全部具备，而是只要具备其中的某些特性即可。通常优良的地被植物应具备的条件如下。

第一，植株低矮、耐修剪。植株高度为 30 厘米左右，耐修剪，萌芽、分枝力强，枝叶稠密，能有效体现景观效果。

第二，延伸迅速。枝叶水平延伸能力强，扩张迅速，短期内就能覆盖地面，自成群落，生态保护效果好，如美女樱、爬行卫矛等。

第三，适应性强、易管理。对光照、土壤、水分适应能力强，对环境污染及病虫害抵抗能力强，适宜粗放管理，如紫苏、蛇莓等。

第四，绿色期长、耐观赏。绿色期长，全年覆盖效果好，以常绿品种最佳，如常青藤、麦冬等。在园林配置中，要善于观察和选择，充分利用这些特性，并结合实际需要进行有机组合，从而达到理想的效果。

地被植物的作用主要为：覆盖地面，美化园景、道路斜坡的景观，增加植物层次，丰富园林植物景观，给人们提供优美舒适的环境；由于叶面系数增加，还具有减少灰尘与细菌的传播，净化空气，降低气温，改善空气湿度，减少地面辐射等保健作用，并能防止土壤冲刷、保持水土、减少或抑制杂草生长；它还可以解决工程、建筑的遗留问题，使园林绿化景观更加协调。

3. 地被植物的分类　地被植物的种类很多，分布极为广泛，可以从不同的角度加以分类，一般多按其生物学、生态学特性，并

结合应用价值进行分类,通常将其分为以下几类:

(1)**一、二年生草本** 一、二年生草本植物主要取其花开鲜艳,大片群植形成大的色块,能渲染出热烈的节日气氛,如红绿草、金盏菊、羽衣甘蓝等。

(2)**多年生草本** 多年生草本植物在地被植物中占有很重要的地位。多年生草本植物生长低矮,宿根性,管理粗放,开花见效快,色彩万紫千红,形态优雅多姿。重要的多年生草本地被植物有:吉祥草、石蒜、葱兰、麦冬、鸢尾类、玉簪类、三叶草、马蹄金、萱草类等。

(3)**蕨类植物** 蕨类植物在我国分布广泛,特别适合在温暖湿润处生长。在草坪植物、乔灌木不能生长良好的阴湿环境里,蕨类植物是最好的选择。常用的蕨类植物有:肾蕨、凤尾蕨、水龙骨、波斯顿蕨等。

(4)**蔓藤类植物** 蔓藤类植物具有常绿蔓生性、攀援性及耐阴性强的特点。如常春藤、油麻藤、爬山虎、络石、爬行卫矛、金银花等。

(5)**亚灌木类** 亚灌木植株低矮、分枝众多且枝叶平展,枝叶的形状与色彩富有变化,有的还具有鲜艳果实,且易于修剪造型。常见的有十大功劳、小叶女贞、金叶女贞、红檵木、紫叶小檗、杜鹃、八角金盘等。

(6)**竹类** 竹类中的箬竹,匍匐性强、叶大、耐阴;还有鸡毛竹,枝密叶茂、生长低矮,用于作地被配置,别有一番风味。

其他一些适应特殊环境的地被植物,如适宜在水边湿地种植的慈姑、菖蒲等,以及耐盐碱能力很强的蔓荆、珊瑚菜和牛蒡等。

4. 地被植物选择的标准 地被植物在园林中所具有的功能决定了地被植物的选择标准。一般来说,地被植物的筛选应符合以下几个标准:一是多年生,植株低矮、高度不超过 100 厘米;二是全部生育期在露地栽培;三是繁殖容易,生长迅速,覆盖力强,耐修剪;四是花色丰富,持续时间长或枝叶观赏性好;五是具有一定的稳定性;六是抗性强、无毒、无异味;七是易于管理,即不会泛滥成灾。

近年来,在城市园林绿化建设中,一些种类的地被植物得到了有效而广泛的应用,如红檵木、金叶女贞、小叶女贞、紫叶小檗、十大功劳、美人蕉、南天竹、杜鹃、八角金盘、栀子花、鸢尾、金边吊兰、紫色鸭跖草、吉祥草、麦冬等。通过对地被植物的应用研究,一些观花、观果及彩叶地被植物日益受到园林界的重视,如火炬花、金娃娃萱草、蔓生紫薇、地被火棘、红果金丝桃、金叶过路黄、"金山"绣线菊、"金焰"绣线菊、"金叶"连翘、花叶扶芳藤、蔓长春等。地被植物的应用方兴未艾,但总的来说,城市园林绿地迫切需要充实和更新现有的地被植物种类,与我国所具有丰富的地被植物种质资源还不相称。

5. 地被植物的配置 城市园林绿地植物配置中,植物群落类型多,差异大,地被植物的配置应根据"因地制宜,功能为先,高度适宜,四季有景"的原则统筹配置。同时,在城市生态景观建设中,根据景观的需要,对地被植物要有取舍,适于栽植地被植物的地方有:人流量较少但要达到水土保持效果的斜坡地;栽植条件差的地方,如土壤贫瘠、沙石多、阳光郁闭或不够充足,风力强劲,建筑物残余基础地等场所;某些不许践踏的地方,用地被植物可阻止入内;养护管理很不方便的地方,如水源不足、剪草机难以进入、大树分枝很低的树下、高速公路两旁等地;不经常有人活动的地方;因造景或衬托其他景物需要的地方;杂草太猖獗的地方。

地被植物的合理推广与应用不但能有效提高绿化覆盖率,增强生态环境和节约管理成本,选用得当除可完善绿地的生态功能外,还可丰富园林绿化的景观效果,降低常规养护费用。此外,某些地被植物的综合开发可增加经济收入。

地被植物配置的景观功能主要是使群落层次分明,主体突出,切不能喧宾夺主,造成层次不清、杂乱无章的负面效果。在现代城市生态园林建设中,地被植物的配置要注意花色协调,宜醒目,忌杂草。如在绿茵草地上适当布置种植一些观花地被(例如低矮的紫花地丁、开白色花的白三叶草、开黄色花的蒲公英、假花生等),其色彩容易协调。比如在道路或草坪边缘种上雪白的香雪球、太阳花,则更显得高雅、华贵。

　　地被品种的选择和应用适当,空间和环境资源将会得到更大限度的利用。从美观与适用的角度出发,选择时应注意地被植物高矮与附近的建筑物比例关系要相称,矮型建筑物适于用匍匐而低矮的地被植物,而高大建筑物附近,则可选择稍高的地被植物;视线开阔的地方,成片地被植物高矮均可,宜选用一些具有一定高度的喜阳性植物作地被成片栽植,反之如视线受约束或小面积区域,如空间有限的庭院中,则宜选用一些低矮、小巧玲珑而耐半阴的植物作地被。

(三)水景植物配置

　　水是构成园林景观、增添园林美景的重要因素。当今园林景观设计与建设,很多都是借助自然的或人工的水景,来提高园景的档次和增添实用功能。各类水体的植物配置不管是静态水景还是动态水景,都离不开植物造景。园林中的各种水体如湖泊、河川、池泉、溪涧、港汊的植物配置,要符合水体生态环境要求,水边植物宜选用耐水喜湿、姿态优美、色泽鲜明的乔木和灌木,或构成主景,或同花草、湖石结合装饰驳岸。

　　1. 水边的植物配置　水边植物配置应讲究艺术构图。中国园林中自古水边主张植以垂柳,造成柔条拂水,同时在水边种植落羽松、池松、水杉及具有下垂气根的小叶榕等,均能起到线条构图的作用。但水边植物配植切忌等距种植及整形式或修剪,以免失去画意。在构图上,注意应用探向水面的枝干,尤其是似倒未倒的水边大乔木,以起到增加水面层次和富有野趣的作用。

　　2. 驳岸的植物配置　驳岸分土岸、石岸、混凝土岸等,其植物配置原则是既能使山和水融成一体,又对水面的空间景观起着主

导作用。土岸边的植物配置,应结合地形、道路、岸线布局,有近有远,有疏有密,有断有续,曲曲弯弯,自然有趣。石岸线条生硬、枯燥,植物配置原则是露美、遮丑,使之柔软多变,一般配置岸边垂柳和迎春,让细长柔和的枝条下垂至水面,遮挡石岸,同时配以花灌木和藤本植物,如变色鸢尾、黄菖蒲、燕子花、地锦等来局部遮挡,增加活泼气氛。

3. 水面植物配置 水面景观低于人的视线,与水边景观呼应,加上水中倒影,最宜观赏。水中植物配置用荷花,以体现"接天莲叶无穷碧,映日荷花别样红"的意境。但若岸边有亭、台、楼、阁、榭、塔等园林建筑时,或设计中有优美树姿、色彩艳丽的观花、观叶树种时,则水中植物配置切忌拥塞,留出足够空旷的水面来展示倒影。水体中水生植物配置的面积以不超过水面的1/3为宜。在较大的水体旁种高大乔木时,要注意林冠线的起伏和透景线的开辟。在有景可映的水面,不宜多栽植水生植物,以扩大空间感,将远山、近树、建筑物等组成一幅"水中画"。

4. 堤、岛的植物配置 水体中设置堤、岛,是划分水面空间的主要手段,堤常与桥相连。而堤、岛的植物配置,不仅增添了水面空间的层次,而且丰富了水面空间的色彩,倒影成为主要景观。岛的类型很多,大小各异。环岛以柳为主,间植侧柏、合欢、紫藤、紫薇等乔灌木,疏密有致,高低有序,增加层次,具有良好的引导功能。另外,用一池清水来扩大空间,打破郁闭的环境,创造自然活泼的景观,如在公园局部景点、居住区花园、屋顶花园、展览温室内部、大型宾馆的花园等,都可建造小型水景园,配置各种湿生、沼生植物,造就清池涵月的画图。

(四)道路植物配置

道路绿化是城市绿地系统的重要组成部分,它可以体现一个城市的绿化风貌与景观特色。园林道路的绿化用地较多,具有较好的绿化条件,应选择观赏价值高的植物,合理配置,以反映城市的绿化特点与绿化水平。园林道路是道路绿化的重点,主干路是城市道路网的主体,贯穿于整个城市。主干路植物配置要考虑空间层次,色彩搭配,体现城市道路绿化特色。同一条路段上分布有多条绿带,各绿带的植物配置相互配合,使道路绿化有层次、有变化、景观丰富,也能较好地发挥绿化的隔离防护作用。分车绿带的植物配置应形式简洁,树形整齐,排列一致。

风景区、公园、植物园中道路除了集散、组织交通外,主要起到导游作用。园路的宽窄、线路乃至高低起伏都是根据园景中地形以及各景区相互联系的要求来设计的。一般来说,园路的曲线都很自然流畅,两旁的植物配植及小品也宜自然多变,不拘一格。游人漫步其上,远近各景可构成一幅幅连续的动态画卷,具有步移景异的效果。园路的面积占有相当大的比例,又遍及各处,因此两旁植物配植的优劣直接影响全园的景观。

1. 主路旁植物配植 主路是沟通各活动区的主要道路,往往设计成环路,宽3～5米,人流量大。平坦笔直的主路两旁常用规则式配植。最好植以观花乔木,并以花灌木作下木,丰富园内色彩。主路前方有漂亮的建筑作对景时,两旁植物可密植,使道路成为一条甬道,以突出建筑主景,入口处也常常为规则式配植,可以强调气氛。如庐山植物园入口两排高耸的日本冷杉,给人以进入森林的气氛。蜿蜒曲折的园路,不宜成排成行,而以自然式配植为宜,沿路的植物景观在视觉上应有挡有敞、有疏有密、有高有低。景观上有草坪、花地、灌丛、树丛、孤立树,甚至水面。山坡、建筑小品等不断变化。游人沿路漫游可经过大草坪,也可在林下小憩或穿行在花丛中赏花。路旁若有微地形变化或园路本身高低起伏,最宜进行自然式配植。若在路旁微地形隆起处配植复层混交的人工群落,可得自然之趣。如华东地区可用马尾松、黑松、赤松或金钱松等作上层乔木;用毛白杜鹃、锦绣杜鹃、杂种西洋杜鹃作下木;络石、宽叶麦冬、沿阶草、常春藤或石蒜等作地被。路边无论远近,若有景可赏,则在配植植物时必须留出透视线。如遇水面,对岸有景可赏,则路边沿水面一侧不仅要留出透视线,在地形上还需稍加处理。要在顺水面方向略向下倾斜,再植上草坪,诱导游人走向水边去欣赏对岸景观。路边地被植物的应用不容忽视,可根据环境不同,种植耐阴或喜光的观花、观叶的多年生宿根、球根草本植物或藤本植物。既组织了植物景观,又使环境保持清洁卫生。

2. 次路与小路旁植物配植 次路是园中各区内的主要道路,一般宽2～3米,小路则是供人漫步在宁静的休息区中,一般宽仅1～1.5米。次路和小路两旁的种植可更灵活多样,由于路窄,有的只需在路的一旁种植乔、灌木,就可达到既遮阴又赏花的效果。有的利用诸如木绣球、台湾相思、夹竹桃等具有拱形枝条等大灌木或小乔木,植于路边,形成拱道,游人穿行其下,富于野趣,有的植成复层混交群落,则感到非常幽深,如华南植物园一条小路两旁种植大叶桉、长叶竹柏、棕竹、沿阶草四层的群落。南京瞻园一条小径,路边为主要建筑,但因配植了乌桕、珊瑚树、桂花、夹竹桃、海桐及金钟花等组成的复层混交群落,加之小径本身又有坡度,给人以深邃、幽静之感。某些地段可以突出某种植物组成的植物景观。如上海淮海路、衡山路的法国梧桐路,北京林业大学的银杏路;北京颐和园后山的连翘路、山杏路、山桃路;杭州的樱花径、桂花径、碧桃径;广州在小径两旁常用红背桂、茉莉花、扶桑、洒金榕、红桑等配植成彩叶篱及花篱;国外则常在小径两旁配植花境或花带。长江以南地区常在小径两旁配植竹林,组成竹径,让人循径探幽。竹径自古以来都是中国园林中经常应用的造景手法。要创造曲折、幽静、深邃的园路环境,竹生长迅速,适应性强,常绿,清秀挺拔,用竹来造景是非常适合的。

要注意创造不同的园路景观,如山道、竹径、花径、野趣之路等。在自然式园路中,应打破一般行道树的栽植格局,两侧不一定栽植同一树种,但必须取得均衡效果。株行距应与路旁景物结合,留出透景线,为"步移景异"创造条件。路口可种植色彩鲜明的孤植树或树丛，或作对景，或作标志，起导游作用。在次要园路或小路路面，可镶嵌草皮，丰富园路景观。规则式的园路，亦宜有2～3种乔木或灌木相间搭配，形成起伏节奏感。

（五）建筑与假山石植物配置

园林建筑植物配置首先要符合建筑物的性质和所要表现的主题。如在杭州"平湖秋月"碑亭旁，栽植一株树冠如盖的秋色树；"闻木樨香轩"旁，以桂花树环绕等。其次，要使建筑物与周围环境协调。如当建筑物体量过大，建筑形式呆板，或位置不当时，均可利用植物遮挡或弥补。再次，要加强建筑物的基础种植，墙基种花草或灌木，使建筑物与地面之间有一个过渡空间，或起稳定基础的作用。屋角点缀一株花木，可克服建造物外形单调的感觉。墙面可配植攀缘植物，雕像旁宜密植有适当高度的常绿树作背景。座椅旁宜种庇荫的、有香味的花木等。

假山一般以表现石的形态、质地为主，不宜过多地配置植物。有时可在石旁配置1～2株小乔木或灌木。在需要遮掩时，可种攀缘植物，半埋于地面的石块旁，常以书带草或低矮花卉相配。溪涧旁石块，常配植各类水草，增加天然趣味。

（六）居住区植物配置

居住区绿化是居民经常利用与享受的一种绿化系统。居住区的绿化规划，不仅要体现当代人们的文明程度，而且还要有一定的超前意识，使之与现代化城市建设相适应，力求在一定时期内尽量满足人们对环境质量的不同要求。居住区绿地设计时要求以生态学理论为指导，以再现自然、改善和维持小区生态平衡为宗旨，以人与自然共存为目标，以园林绿化的系统性、生物多样性、植物造景为主题的可持续性为使命，达到平面上的系统性、空间上的层次性、时间上的相关性。

充分考虑居民享用绿地的需求，建设人工生态植物群落。有

益身心健康的保健植物群落,如松柏林、银杏林、香樟林、枇杷林、柑橘林、榆树林;有益消除疲劳的香花植物群落,如栀子花丛、月季灌丛、丁香树丛、银杏—桂花丛林等以及有益招引鸟类的植物群落,如海棠林、火棘林、松柏林等,可选择在小区边缘整块绿地上安排或与居住区中心绿地融合设计。利用植物群落生态系统的循环和再生功能,维护小区生态平衡。

乔木、灌木与藤蔓植物结合,常绿植物和落叶植物、速生植物和慢生植物相结合,适当地配植和点缀时令缀花草坪。在树种的搭配上,既要满足生物学特性,又要考虑绿化景观效果,要绿化与美化相结合,树立植物造景的观念,创造出安静和优美的人居环境。

在统一基调的基础上,树种力求变化。创造出优美的林冠线,打破建筑群体的单调和呆板感。注重选用不同树形的植物如塔形、柱形、球形、垂枝形等,如雪松、水杉、龙柏、香樟、广玉兰、银杏、龙爪槐、垂枝碧桃等,构成变化强烈的林冠线;不同高度的植物,构成变化适中的林冠线;或利用地形高差变化,布置不同的植物,获得相应的林冠线变化。通过花灌木近边缘栽植,利用矮小、茂密的贴梗海棠、杜鹃、栀子花、南天竺、金丝桃等密植,使之形成自然变化的曲线。

在栽植上可采取规则式与自然式相结合的植物配置手法。一般绿地内道路两侧各植1～2行行道树,同时可规则式地配置一些耐阴花灌木,裸露地面用草坪或地被植物覆盖。其他绿地可采取自然式的植物配置手法,组合成错落有致、四季不同的植物景观。

充分利用植物的观赏特性,进行色彩组合与协调,通过植物叶、花、果实、枝条等显示的色彩,以一年四季中的变化为依据来布置植物,创造季相景观。做到一条带一个季相,或一片一个季相,或一个组团一个季相,如由迎春花、桃花、丁香等组成的春季景观;由紫薇、合欢、花石榴等组成的夏季景观;由桂花、红枫、银杏等组成的秋季景观;由蜡梅、忍冬、南天竹等组成的冬季景观。

(七)功能型植物配置

不同的城市,其地形地貌和河湖水系等自然要素的布局形式和环境状况都有不同的特点,也对生态园林的群落类型及其功能提出了不同的要求。近年来,除了观赏植物群落外,国内外还出现了对以下几种生态园林建设类型的探索。

1. 环保型植物群落 环保型人工植物群落是以保护城乡环境、减灾防灾、促进生态平衡为目的的植物群落。如上海宝钢根据生产情况和环境污染情况选择配置了 360 余种具有吸收有害气体或吸附粉尘能力较大的植物,绿地总面积达 415 万米^2,其中草坪 130 万米^2,绿地覆盖率 28.5%,人均绿地面积近 130 米^2,取得了巨大的生态效益和社会效益。上海金山石化在卫生防护林带建设中,选择抗污染能力强的植物按生态学原理进行配置,效益明显。如二氧化硫、二氧化氮通过林带,在生活区的浓度递减60%,风速平均递减 43%~62%;含菌量降低;改良了土壤,创造了良好的环境,招引来众多鸟类。

2. 保健型植物群落 绿色植物不仅可以帮助人们缓解心理和生理上的压力,还能提高对疾病的免疫力。保健型人工植物群落是利用植物的配置,形成一定的植物生态结构,从而利用植物的有益分泌物质和挥发物质,达到增强人体健康、预防疾病的目的。据测试,在绿色植物环境中,人的皮肤温度可降低 1℃~2℃,脉搏每分钟可减少 4~8 次,呼吸平缓而均匀,心脏负担减轻。另外,森林中每立方米空气中细菌的含量也远远低于市区街道和超市等喧哗场所。因此,通过园林植物配置还可为人们创造一个健康、清新的保健型生态绿色空间。营造生态保健型植物群落有许多类型,如体疗型植物群落、芳香型植物群落、触摸型植物群落、听觉型植物群落等。设计师应在了解植物生理、生态习性的基础上,熟悉各种植物的保健功效,将乔木、灌木、草本、藤本等植物科

学搭配,构建一个和谐、有序、稳定的立体植物群落。

在公园和开放绿地中,中老年人在进行体育锻炼时可以选择到保健型群落中去。银杏的果、叶都有良好的药用价值和挥发油成分,在银杏树林中,会感到阵阵清香,有益心敛肺等作用,长期在银杏林中锻炼,对缓解胸闷心痛、心悸怔忡、痰喘咳嗽均有益处。松柏类植物群落或银杏丛林群落均属于体疗型植物群落,面对松柏类植物呼吸锻炼,会有祛风燥湿、舒筋通络的作用,而柏科及罗汉松科植物也有一定的养生保健作用。其他如视觉型、触摸型生态群落,也是园林各种绿地植物配置的模式。香樟、广玉兰、桂花、白玉兰、蜡梅、含笑、紫藤、栀子、丁香、木香等都可以作为嗅觉类芳香保健群落的可选树种。在居住区的小型活动场所周围最适宜设置芳香类植物群落,为居民提供一个健康而又美观的自然环境。形式上可采用单一品种片植或几种植物成丛种植,丛植上层可选香樟、白玉兰、广玉兰、天竺葵等高大健壮的植物,也是丛植的主景树;中层可选桂花、柑橘、蜡梅、丁香、月桂等,也可以作为上层植物;下面配置小型灌木如含笑、栀子、月季、山茶等;酢浆草、薄荷、迷迭香、月见草、香叶天竺、活血丹等可以配在最下层或林缘,同时地被开花植物也是公园绿地和居住区花坛、花境的良好配置材料。

3. 科普知识型植物群落　科普知识型植物群落是指运用植物典型的特征建立起各种不同的科普知识型人工植物群落,让人们在良好的绿化环境中获得科普知识,激发人们热爱自然、探索自然奥秘的兴趣和爱护环境、保护环境的自觉性。如全国各地的植物园,植物科普教育一直是植物园的主要功能之一,有条件的中、小学校园内也可建立科普知识型生态园。

4. 生产型植物群落　在不同的立地条件下,建设生产型人工植物群落,发展具有经济价值的乔、灌、花、果、草、药和苗圃基地,并与环境相协调,既满足市场的需要,又增加环境效益。

5. 文化环境型植物群落　特定的文化环境如历史遗迹、纪念性园林、风景名胜、宗教寺庙、古典园林等,要求通过各种植物的配置使其具有相应的文化环境氛围,形成不同种类的文化环境型人工植物群落,从而使人们产生各种主观感情与客观环境之间的景观意识,引起共鸣和联想。

不同的植物运用其不同的特征、不同的组合、不同的布局会产生不同的景观效果和环境气氛。如常绿的松科和塔形的柏科植物成群种植在一起,给人以庄严、肃穆的气氛;高低不同的棕榈与凤尾丝兰组合在一起,则给人以热带风光的感受;开阔的疏林草地,给人以开朗舒适、自由的感觉;高大的水杉、广玉兰则给人以蓬勃向上的感觉;银杏则往往把人们带回对历史的回忆之中。因此,了解和掌握植物的不同特性,是做好文化环境型人工植物群落设计的一个重要方面。

四、优化绿地功能,调整植物结构

以上海市为例,介绍如下。

第一,调整绿地植物群落结构,以丛植、孤植、散植、疏林等形式为主,补植观花、色叶或落叶乔灌木,形成合理的群落层次结构,丰富季相景观;适当集中、规模化种植色叶、落叶、观花乔灌木或布置专类植物区域,重点突出春、秋两季景观特色,应用新优园林植物、增加开花地被与花坛花境,提升绿地景观面貌;注重运用乡土植物、抗逆性植物等,提高群落自我维持和自我更新能力。

第二,优化绿地综合服务功能,提升绿地的游憩与服务功能,拓展开敞公共空间属性,发挥作为紧急避险、疏散转移或临时安置场所的重要作用;布置植物铭牌、配植具有文化寓意的植物等形式,挖掘绿地所处区域的历史人文资源,提升绿地教育和文化功能。

第三,实施土壤改良和修复,采取生化措施、工程措施、管护措施,着力提升绿地土壤功能,注重发挥绿化废弃物营养基质在

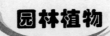

土壤改良、保持土壤水分和肥力等方面的特殊作用,开展绿化废弃物尤其是凋落物资源循环利用,进一步强化调整改造土壤物理结构、增加绿地有机质含量、增加土壤中有益生物群等技术推广,确保绿地土壤的生态恢复。

第四,集成推广园林绿化"三新",加大生态节能环保材料在绿地设施中的应用,以及新优特色植物的引种驯化等,推进节水、节能、节材等节约型关键技术的集成应用,将节约化、集约化、现代化的成熟技术和成果,将"新技术"、"新工艺"和"新品种"有效运用到绿地生态系统的管理维护中。

第四章
生态园林建设

园林一直被当作是我们文明的一面镜子,风景园林最能反映一个时代的环境需求与精神文化需求。由于所处时代的环境状况不同,古典园林在当时的历史与自然环境条件下,代表了所属时代的精神文化选择。但在生态环境严重破坏的今天,现代风景园林应该成为联系城市、乡村和自然之间的纽带,生态园林建设则是改善城市生态环境的有效措施之一。

一、对传统园林建设方法的思考

传统的园林建设方法是把园林看作不同层次的独立的封闭系统,其结果是园林成为城乡景观体系中的残留斑块。由于缺乏对各项要素的总体性分析,所以不利于风景园林生态服务功能的发挥,基本无法实现园林系统整体的和谐。传统方法重视物质形态的规划,多从技术经济和景观方面考虑,忽视社会需求,缺乏对生态环境、社会效益的考虑,直接导致生态效益和社会效益的低下。

传统园林建设还奉行单一目标的立竿见影,忽视发展中的动态需求。例如,一些城市根本不考虑复合植被生态效益高的优势,而是片面追求草坪的美观;在价值的选择中也是关注眼前利益,不注重生态效益;规划设计很少关注场地的自然地理本底、社会经济情况以及历史状况等信息,缺乏对地域文化的分析与关注,大多将主观的"创造性"处理作为规划的主要依据;规划设计人员习惯于线性思维,习惯于融合甲方导向与长官意识,导致"规划赶不上变化"。特别是风景园林规划与建设还缺乏多学科合作以及公众参与。因此,进行规划设计观念和方法的革新,在园林设计中纳入生态园林及生态规划设计方面的考量是当前风景园林的正确选择。

二、生态园林的概念与特征

(一)生态园林的概念

在建设美丽中国,走向生态文明的新时代,随着生态学、景观生态学、城市生态学、生态设计、循环经济等理论的发展和实践的不断探索与完善,园林的内涵、功能、设计方法、服务对象等都发生了新的转变,相对于传统园林、生态园林是从区域生态系统的整体出发,综合考虑了生态功能、环境美学以及人的需求,利用生态学原理指导而进行的三维空间设计。生态园林中,乔木、灌木、草本和藤本植物被因地制宜地配置在一个群落中,种群间相互协调,有复合的层次和相宜的季相色彩,具有不同生态特性的植物能各得其所,充分利用阳光、空气、土地、空间、养分、水分等,构成一个和谐有序、稳定的群落,其主要功能是充分发挥风景园林系统的生态服务功能,因势利导地利用对城市生态环境有重大影响的因素并改造不利的因素,从国土整治、促进生态平衡的高度全面改善人类的生存环境,为区域及城市的可持续发展提供良好的环境支撑。生态园林综合考虑了生态效益、经济效益、社会效益和美学的原则,其目标是改善人居生活品质、提高生态环境质量,以人与自然的共生和持续性发展为基点,认可自然的进化过程和其他生物的生存环境,建构以生态为核心的自然、经济、社会价值体系,并最大限度地减少人类对生态环境的干涉和影响。生态园林还是一种塑造生态环境的过程,也是一项长期渐进的、不断完善的维护管理过程。

生态园林是当今时代特征的表现,它既是生态学与风景园林交叉渗透的产物,又是自然科学和社会科学如美学、心理学等多学科结合的产物。园林与生态学的结合,给园林赋予了更丰富的内涵,从而推动现代园林走向更为自由、活跃的多元发展趋势。

(二)生态园林的特征

1. 系统性与生态性 生态园林以生态学原理和方法为理论基础,去辨识、模拟、调控和设计园林生态系统内的各种生态关系,使其呈良性循环。生态园林需要应用现代系统科学理论,研究和处理园林系统中各要素,以及与其他系统的整体联系。把园林纳入社会—自然—经济复合生态系统之中,优化整个系统的格局,完善系统中能流和物流的有序运转,并谋求系统的最佳效益。生态园林是多学科、多层次的交叉研究与应用,需要多学科的交流与合作。

2. 整体性 宏观上,生态园林打破了传统园林构建的狭隘小圈子、小范围的概念,在范围上远远超过公园、名胜风景区、自然保护区的传统概念,而是将单位绿化、城市郊区森林、农田林网、桑园、茶园和果园等所有能起到调节城市生态环境的绿色植物群落都纳入其中,形成"点、线、面、网、片"的城市一体化绿化建设,并逐步走向国土治理,使之"大地园林化",把生态园林建设成为人类大环境系统工程中具有相对独立性的一个体系。微观上,生态园林具有结构的合理性,组成的植物群落具有合理的时间结构、空间结构和营养结构,与周围环境一起组成和谐的能自我维持的生态系统。

3. 观赏性 一个优美的园林景观应该是结构和功能、形式和内容高度统一、和谐的景观系统。城市园林的外部形式应该符合美学原理,提高观赏价值,但是其内部结构与整体功能更应该符合生态学和生物学特性。传统城市园林建设中,过分强调了其外部的形式美,而忽视了园林景观的生命力之所在——形式和内容、结构和功能的高度统一。生态园林同样要求具有优美的外貌,其观赏性体现在生态系统的和谐美、自然美。

4. 公共性　生态园林的建设要求在整个城市地域上,包括城区、郊区、近郊区、远郊区形成一个以绿化植物为主体的生态系统,发挥生态环境的良性效益,向全体居民提供生产、生活需要的绿化使用价值,它具有社会公共物品的性质。并且好的生态环境是全体社会成员普遍享用的最重要的社会公共品。

5. 综合性　生态园林要求利用城市绿地多功能特点,实现综合功能的优化完备性。在局部上要考虑外部环境的相互关系,充分发挥内部园林要素的作用,使之相辅相成;在整体上,强调园林植物群落结构功能的一致性,要求在城市园林植物群落设计中根据一定空间或特定环境的具体目标要求,设计相应的群落结构,以满足特定功能的需要。在传统"点"、"线"、"面"布置形式的基础上,重点突出调节城市地理气候特色的生态环境"斑块"(公园)和生态"廊道"。"廊道"包括交通干道及自然河流、湖泊,其主要功能包括运输和物流,能量及信息,环境保护和美学价值。因此,城市生态园林的建设可加强防护林带、道路绿化带及河流绿化带的建设,形成众多的绿色廊道,连接其他绿化点、面,形成绿化网络,创造一种动态稳定的绿地系统结构。从城市生态角度看,城市生态园林是城市生态系统中一个自然调节器的子系统,对整个系统具有反馈调节作用,其活动又能满足人们的文化艺术享受,故又具有文化属性。

6. 生物多样性　生物多样性是城市生态园林构建水平的一个重要标志。在一个群落中,物种多样性不仅反映了群落中物种的丰富程度或均匀度,也反映了群落的动态特点与稳定性水平,以及不同的自然环境条件与群落的相互关系。在一个稳定群落中,各种群对群落的时空、资源充分利用,系统愈复杂也就愈稳定。由多个物种组成的植物群落,要比单一种的群落能更有效地利用环境资源,具有更大的稳定性。而城市中由于人为干扰和随机因素多,环境变化快速多样,较高的物种多样性能使园林植物群落相对于环境及其变化有更好的适应调整能力,丰富的生物多样性还是景观多样化和功能多样化的基础。

三、生态园林的指导思想与建设原则

(一)生态园林的指导思想

1. 可持续发展观　可持续发展的战略思想是在传统的发展模式暴露出多方面弊端,并难以为继的情况下提出的。传统的发展观基本上是一种工业化发展观,表现为各国对经济高速增长目标的努力追求,认为人均的快速增长就是经济成功的标志,这种观点必然是以牺牲自然环境、过度利用资源为代价的,导致了日益严重的全球性问题,更危及了人类本身及其后代的生存与发展。

可持续性发展思想其实源于生态学,即所谓的"生态持续性"。它主要指自然资源及开发利用程度间的平衡,可持续发展应包括以下几个方面:一是经济的发展,其中最主要的是社会生活质量的改善;二是自然资源的合理利用,主要途径有:应节约使用资源,并尽量少用不可再生资源如矿产资源、生物多样性等;应有条件地、谨慎地使用可再生资源,如太阳能、风能、森林等;应尽量减少废弃物,减少对自然的污染;三是环境的保护,包括自然环境和人文环境;四是发展的长远性;五是发展的质量;六是发展的伦理,主要指发达国家的可持续发展进程不得以欠发达国家的环境破坏和资源掠夺为前提。可持续发展是全球纲领性的发展战略,它是建立在平等、和谐、共同进步的基础之上的。

可持续发展的提出,源于解决环境与经济的矛盾问题。它是一种立足于环境和自然资源角度提出的关于人类长期发展的战略和模式,它特别强调环境承载力和资源的永续利用对发展进程的重要性和必要性。可持续发展鼓励经济增长,但它不仅要重视经济增长的数量,更要依靠科学技术进步提高经济活动的效益和质量;可持续发展的标志是资源的永续利用和良好的生态环境。经济和社会的发展要以自然资源为基础,与生态环境相协调。要实现可持续发展,必须使自然资源的耗竭速率低于资源的再生速率,必须转变发展模式,从根本上解决环境问题。发展的本质应该是改善人类生活质量,提高人类健康水平,创造一个保障人们享有平等、自由和教育的社会环境。因此,可持续发展的最终目标是谋求社会的全面进步。

对于生态园林建设来说,应在了解生态学一些基本概念如生态系统的结构和功能、物质循环、能量流动等基础上,借鉴可持续发展的理念。风景园林作为城市生态系统的子系统,应关注本系统中资源和能源的输入与输出。生态园林还需要考虑建设及使用全过程,及其与周围环境的生态相互作用,通常需要检验组建景观的能量和物质材料流动以及材料从生产、加工到运输使用中的生态影响。由于生物圈中物质流动是一种循环的模式,且考虑到地球上资源的有限性,故提倡园林建设环境中的材料等有效资源应用也应是一种循环的状态。这不仅能减少对自然生态系统的影响,同时也有利于后代持续地获取资源。

可持续发展观认为发展不仅仅是量的提高,还包括人与自然关系的优化,人对自然的态度和行为的科学化,生态系统的能量流动和物质循环更加通畅,资源的利用和分配更加合理,文化价值、科学精神、伦理道德、个人权利的尊重以及实现人类的尊严、平等、正义等因素。生态文明与可持续发展观要渗透于风景园林建设全过程,以实现园林思想的更新。

2. 生态系统服务功能 生态系统服务功能是指生态系统与生态过程所形成及维持的人类赖以生存的自然环境的条件与效

用,并认为它不仅为人类提供了食品、医药及其他生产生活资料,还创造与维持了地球生命支持系统,形成了人类生存所必需的环境条件。在城市生命支持系统中,净化空气、调节城市小气候、减低噪声污染、降雨与径流的调节、废水处理(废物处理)和文化娱乐价值等生态系统服务功能是至关重要的。

自然提供给人类的服务是全方位的。生态系统的服务功能原理强调人与自然过程的共生和合作关系,通过与生命所遵循的过程和格局的合作,可以显著减少工程建设的生态影响。

每一个健康的生态系统,都有一个完善的食物链和营养级,秋天的枯枝落叶是春天新生命生长的营养。公园中清除枯枝落叶实际上是切断了自然界的一个闭合循环系统。在城市绿地的维护管理中,变废物为营养,如返还枝叶、返还地表水补充地下水等就是最直接的生态设计应用。

自然是具有自我组织或自我设计能力的,整个地球都是在一种自然的、自我的设计中生存和延续的。一池水塘,如果不是人工将其用水泥护衬或以化学物质维护,便会在其水中或水边生长出各种藻类、水草和昆虫,并最终演化为一个物种丰富的水生生物群落。自然系统的丰富性和复杂性远远超出人为的设计能力。所以,给自然环境一定的自由发展的空间有利于其自我组织和完善。自然的自设计能力催生了一个新的领域,即生态工程。传统工程是用新的结构和过程来取代自然,而生态工程则是用自然的结构和过程来设计的。

自然系统的这种自我设计能力在水污染治理、废弃地的恢复(包括矿山、采石坑、采伐迹地等)以及城市中地方性生物群落的建立等方面都有广泛的应用前景。在废弃矿山的恢复中,除了常规的用植被来进行生态系统的恢复外,还可以利用地貌过程来开启自然恢复过程。

自然是具有能动性的,几千年的治水经验和教训告诉人们对待洪水这样的自然力,应因势利导而不是绝对的控制。大自然的自我愈合能力和自净能力,维持了大地上的山清水秀。湿地对污水的净化能力目前已广泛应用于污水处理系统之中。生态设计意味着充分利用自然系统的能动作用。

(二)生态园林建设原则

1. 坚持以"生态平衡"为主导,合理布局园林绿地系统 在生态园林的建设中,强调绿地系统的结构、布局形式与自然地形地貌和河湖水系的协调,以及与城市功能分区的关系,着眼于整个城市生态环境的合理布局,使城市绿地不仅围绕在城市四周,而且把自然引入城市之中,以维护城市的生态平衡。近年来,我国不少城市如北京、上海、天津、深圳等开始了城郊结合、森林园林结合,将森林生态系统引入城市,在改善城市环境、丰富生物多样性方面取得了较好的成效。由于植物群落是生态园林的主体结构,也是生态园林发挥其生态作用的基础,所以应通过合理的植物群落的组成和布局,形成结构与功能相统一的良性生态系统。同时,在植物种类、色彩配置上做到因地制宜,因需选种,因势赋形,通过合理布局园林绿地系统,使城市的园林建设逐步走向生态化、自然化。

2. 生态园林建设要以生物多样性恢复和重建为基础 生物多样性是促进城市绿地自然化的基础,也是提高绿地生态系统功能的前提,所以生态园林建设应以恢复和重建城市物种多样性为基础。

生物多样性不仅反映了园林绿地环境中物种的丰富度、变化程度和均匀度,也反映了群落的动态与稳定性,以及不同的自然环境条件与群落的相互关系。在一个稳定的群落中,各种群对群落的时空条件、资源利用等方面都趋向于互相补充而不是直接竞争,系统愈复杂也就愈稳定。因此,在城市绿化中应尽量多造针阔混交林,少造或不造纯林。

生物多样性的保护首先要重视保护城市的自然植被和古树

名木,完善城市绿地规划,加快绿廊体系建设,增加城市开敞空间和生境斑块的联结度,给生物提供更多的栖息地和通畅的生境迁移通道;其次,要重视丰富城市绿化植物种类,特别是要加大地带性植被中的新种引种和驯化工作,构建具有区域特色和城市个性的城市绿地景观;第三,要通过合理配置,增加与绿地适应性种类和扩大物种多样性的结合;第四,按照自然地带性植物群落结构特点和演替规律,合理建设和改造城市绿地群落结构,尤其是合理选择耐阴植物,丰富地被植物多样性。

园林系统生物多样性的维持应以乡土植物、天然植物群落为主,形成多种植物混交、种类丰富的结构层次。乡土植物在长期进化过程中,生存已经很适应当地的气候条件,大力发展这些乡土植物种,本身就发挥了乡土优势。在生态园林建设中还应突出与当地相适应的生态园林景观,大面积推广种植以乔木、灌木、草本多层森林植被的立体绿地,增加空间绿量,降低管理成本并提高绿地系统的功能。

3. 生态园林建设要做到因地制宜　由于城市环境具有的多样复杂、系统脆弱和胁迫深刻等特点,生态园林建设必须考虑土壤、环境、位置和功能等多种因素,利用城市的特殊小气候环境,营造景观的多样性。针对城市绿地自然土壤性能差的特点,应积极推广以人工介质为基础的种植土,创造适生环境,提高绿地自维持机制。重视植物配置与建筑物环境的协调,将建筑物空间和绿地景观融为有机整体。针对植物生长发育规律,因时制宜,保持绿地景观的相对稳定和季相变化。过分强调奇花异草、盲目将南方植物北移、照搬异地和国外绿化模式,跟风赶时髦,其结果是生态和景观功能得不到保证,代价也极大,应引起重视。

4. 生态园林建设的关键是处理好种间关系　绿化植物的种间关系对群落演变具有决定性影响,对种间关系认识不足也可造成绿地景观的退化。竞争和适应是风景园林绿地植物主要的种间关系,而物种竞争能力具有竞争等级性,并受目标种和邻居种的影响。竞争和适应能力与扎根类型和深度、植株大小、生长率、耐阴性和它感作用等特征有关,还受植物的形态、生理、生活史以及环境条件和资源水平影响。因此,应加强植物生物学和生态学特性研究,充分借鉴地带性演替群落的种类组成和结构规律,师法自然,考虑植物的相生相克,选择适宜的耐阴小乔木、灌木和地被植物,并通过密度和频度制约等方式调整群落种间关系,使群落种群趋向互相补充而不是直接竞争,充分利用太阳辐射、热量、水分和土肥等资源,提高绿地的生产力和稳定性。

5. 生态园林建设的核心是建立群落自我维持机制 园林绿地植物群落是一个有序渐进的系统发育和功能完善过程,所以生态园林建设不应过分注重事后管理,而应加强源头建设和规划,以帮助生态园林实现自维持机制,自发改善种群结构,提高绿地自身的稳定性和抗逆性。建设中要尽量选用与当地气候和土壤相适应的植物种类,推广乔灌草结构群落,尽量减少单一树种模式或草坪,促进群落自肥的良性循环机制,减少施肥、除草和修剪等,降低建设和维护费用。

要引入群落的生态设计和生态系统管理,调节目标植物与有害生物的动态平衡,实现城市绿地植物的无公害控制,如通过对绿地水体建设,为有益昆虫和两栖动物提供适宜生境,植物—病虫害—天敌及其环境相互作用和制约,形成病虫害生态调控机制。

6. 生态园林建设要重视人与自然环境的和谐 现代城市生态园林以人类的福利为根本,追求人、植物景观、城市环境三者间的和谐共存,使城市居民、人工设施、历史民俗文化风情与绿色环境等各个方面达到最理想的配置。

(1) 人与绿色环境的和谐 生态美的核心是和谐——物种种间的和谐、生物与生境的和谐、人与自然的和谐。人是城市环境中的主体及核心,城市生态园林景观应能够满足城市居民一些生理上或心理上的需求,如通过在园林绿地空间中的观赏、游玩、休

息、健身等活动而获得的放松和调整等。但与此同时，人的活动
对园林绿地空间的维护和发展也会造成各种不同程度的影响，因
此在现代生态园林建设中，既要满足各种人类活动对园林空间的
可及性，又要考虑绿色环境的自我维护能力，使人们都愿意进入
园林绿地空间开展各类有益的活动，又能与绿色环境和谐共处。

（2）**人工设施与绿色环境的和谐**　建筑及其他城市设施是城
市景观的特点，雕塑、园林小品等人工设施也是园林的重要组成
部分。生态园林建设中应力求使这些人工设施与园林绿地融为
一体，一方面要保持绿色环境的自然特点，满足人类对自然的心
理需求；另一方面应考虑借助人工设施的建设，完善园林空间的
功能属性，使城市的绿色环境具有现代生活气息和时代特征。

（3）**历史民俗文化风情与现代城市绿色环境的和谐**　城市绿
地是保持和塑造城市风情、文脉和特色的重要场所，应以自然生
态条件和地带性植被为基础，将民俗风情、传统文化、宗教、历史、
文物等融合在园林绿化中，使城市绿地系统具有地域性和文化性
特征，产生可识别性和特色性。在传统文化和传统园林艺术中，
园林植物往往具有丰富的寓意和象征，通过合理种植设计，可在
局部地区将园林植物的寓意和韵律给以表达，促使植物形与神的
结合，创造意境，烘托环境氛围，增加绿地品位和情调，实现功能、
形式和意义的统一。

人类渴望自然，城市呼唤绿色，园林绿化发展就应该以人为
本，充分认识和确定人的主体地位和人与环境的双向互动关系，
强调把关心人、尊重人的宗旨具体体现在城市园林的创造中，满
足人们的休闲、游憩和观赏的需要，使园林、城市、人三者之间相
互依存、融为一体。总之，生态园林是以丰富的植物为主要材料、
模拟再现自然植物群落、提倡自然景观的创造，形成城市生态系
统的自然调节能力，改善城市环境，维护生态平衡，保证城市的可
持续发展，最大限度地满足人类社会生存和发展的需求。

四、生态园林规划设计方法

环境是人类赖以生存的基本条件。随着现代工业的发展,城市人口剧增、规模急剧膨胀,生态环境受到严重威胁。人类和环境紧密地联系在一起,相互制约,相互依赖,保持着相对稳定和平衡。随着时代发展,人们对环境的要求越来越高,"绿水青山就是金山银山",生态空间建设是摆在我们面前的一项长期而艰巨的任务。

席卷全球的生态主义浪潮促使人们站在科学的视角上重新审视园林绿化行业,风景园林也开始将自己的使命与整个地球生态系统联系起来。现在,在一些发达国家,生态主义的设计早已不是停留在论文和图纸上的空谈,也不再是少数设计师的实验,生态主义已经成为园林设计师内在的和本质的考虑。尊重自然发展过程,倡导能源与物质的循环利用和场地的自我维持,发展可持续的处理技术等思想贯穿于园林设计、建造和管理的始终,在设计中对生态的追求已经与对功能和形式的追求同等重要,有时甚至超越了后两者,占据了首要位置。

生态学思想的引入,使风景园林建设的思想和方法发生了重大转变,也大大影响甚至改变了园林的形象。园林建设不再只停留在花园设计的狭小天地,它开始介入更为广泛的环境建设与生态恢复领域,对场地生态发展过程的尊重,对资源与能源的循环利用,对场地自我维持和可持续处理技术的倡导,体现了浓厚的生态理念。

越来越多的风景园林建设在设计中遵循生态的原则,具体的规划设计方法归纳如下。

(一)生态整体性与复合性方法

从生态学的角度来说,园林的各要素相互作用和交错,但各自有着独特的特点，形成一个有机整体。园林又是城市的一个组成部分，园林设计应尽量改善人居环境，生态园林设计的最终目的为与良好的生态过程协调，使其对环境的破坏影响达到最小而产出达到最大。

要从城市生态系统高度综合的角度考虑单个园林绿地的功能。生态系统中整体功能大于部分之和，这在风景园林设计中意味着应从整体上全方位进行设计，正确对待人的需求以及园林与自然的相互作用，追求整体效果。在整体中各子系统功能的状态取决于系统整体功能的状态；同时，各子系统功能的发挥影响系统整体功能的发挥，个体融于整体之中，整体功能才能良好发挥。因此，风景园林规划设计对现场的了解非常重要，对于基址本身及其周围的环境来讲，园林设计协调好这些联系将有助于该地块及所在区域作用的发挥。

复合性方法表现为生态园林的学科交叉与技术的融合。园林在发展过程中，不断与其他学科交流，学科间的交叉与互补，增加了园林的活力，丰富了园林设计的语汇，使园林具有新的内涵。园林是科学、艺术和功能的统一体，在与其他学科的交流中，生态与艺术的结合增强了风景园林的审美韵味，扩展了园林的形式范围，而技术的合理应用增进了园林的生态效益。如园林中可采用生物修复法，种植能吸收有毒物质的植被，处理污染土壤，增加土壤的腐殖质含量和微生物活动，使土壤逐步改善；湿地公园利用生物技术，通过微生物与水生植物处理污水，如成都活水公园便是其中的典型。

（二）尊重自然与显露自然的方法

一切自然生态形式都有其自身的合理性，是适应自然发展规律的结果。一切景观建设活动都应从建立正确的人与自然关系出发，尊重自然，保护生态环境，尽可能地少干扰环境。

自然生态系统一直生生不息地为人类提供各种生活资源与

条件，满足人们各方面需求。而人类也应在充分有效利用自然资源的前提下，尊重其各种生命形式和发生过程。自然具有强自我组织、自我协调和自生更新发展的能力。生态园林建设也要顺应自然规律，从而保证自然的自我生存与延续。尊重自然就要适应场所的自然过程，现代人的需要可能与历史上该场所中的人的需要不尽相同，因此，为场所而设计决不意味着模仿和拘泥于传统的形式，而是将场所中的阳光、地形、水、气、土壤、植被等自然因素结合在设计之中，从而维护场所的自然过程，达到"清水出芙蓉，天然去雕饰"的艺术效果。

尊重自然还体现在生态园林建设应保护与节约资源，特别是一些有特殊景观价值和历史价值的湿地、自然水系、古树名木、自然景观和古城、古建筑、民居等具有较高历史价值的人文资源，更应该保存并让其展现特有的魅力。

显露自然是由于现代城市居民离自然越来越远，自然元素和自然过程日趋隐形，远山的天际线、脚下的地平线、夏日流萤、满天繁星都快成为抽象的名词了。如同自然过程在传统设计中从大众眼中消失一样，城市生活的支持系统也往往被遮隐。污水处理厂、垃圾填埋场、发电厂及变电站都被作为丑陋的对象而有意识地加以隐藏。自然景观以及城市生活支持系统的消隐，使人们无从关心环境的现状和未来，也就更谈不上对于环境生态问题的关心而节制日常的行为。因此，要让人人参与设计、关心环境，必须重新显露自然过程，让城市居民重新感到雨后溪流的上涨、地表径流汇于池塘；通过枝叶的摇动，感到自然风的存在；从花开花落，看到四季的变化；从自然的花开花落，看到自然的腐烂和降解过程。景观是一种显露生态的语言。

生态设计回应了人们对土地和土地上的生物之依恋关系，并通过将自然元素及自然过程显露和引导人们体验自然，来唤醒人们对自然的关怀。这是一种审美生态，审美生态主张设计具有以下几方面的特征：第一，能帮助人们看见和关注人类在大地上留下的痕迹；第二，能让复杂的自然过程可见并可以被理解；第三，把被隐藏看不见的系统和过程显露出来；第四，能强调人与自然尚未被认识的联系。

　　显露自然作为生态设计的一个重要原理和生态美学原理，在现代园林景观的设计中越来越得到重视，生态显露设计"即显露和解释生态现象、过程和关系的景观设计"。强调设计师不单设计园林景观的形式和功能，他们可以给自然现象加上着重号，突显其特征引导人们的视野，设计人们的体验。在这里，雨水不再被当作洪水和疾病传播的罪魁，也不再是城乡河流湖泊的累赘和急于被排泄的废物。雨水的导流、收集和再利用的过程，通过城市雨水生态设计可以成为城市的一种独特景观。在这里，设计挖地三尺，把脚下土层和基岩变化作为景观设计的对象，以唤起大城市居民对摩天楼与水泥铺装下的自然的意识。在自然景观中的水和火不再被当作灾害，而是一种维持景观和生物多样性所必需的生态过程。

（三）乡土性与地域方法

　　任一特定场地的自然因素与文化积淀都是对当地独特环境的理解与衍生，也是与当时当地自然环境协调共生的结果。所以，一个合适于特定场地的生态园林项目，必须先考虑当地整体环境和地域文化所给予的启示，因地制宜地结合当地生物气候、地形地貌进行设计，充分使用当地建材和植物材料，尽可能保护和利用地方性物种，保证场地和谐的环境特征与生物的多样性。

　　1. 特定区域内资源的利用　园林绿化基址在地理分布上差异是很大的，每一基址所处生态类型都和特定范围相联系，所以基址不同，所处生态系统的类型也随之不同，并存在不同的生态条件。反映在园林建设中就是要考虑特定区域内的"自然"要素，如植被、野生动物、微生物、资源及土壤、气候、水体等。只有植根于自然条件下，园林才能更好地发展。

合理地利用特定区域内的资源,如乡土植物、本土建材等,还可降低管理和维护成本,当地的各种资源在生态位中的作用已经固定,合理利用将对维护生态的平衡与发展起到较好的作用。

2. 地域文化的传承 地域文化是一个地方的人们在长期生产生活过程中积累起来的文化成果,是和特定环境相适应的,有着特定的产生和发展背景。园林建设要适宜于特定区域内的风土人情及其传统文化,挖掘内涵,因为这些反映了当地人的精神需求与向往。园林设计师可以吸收融合国际文化以创造新的地域文化或民族文化,但不能离开地域文化的传承。尊重当地的区域特征,有助于创造特定的场所及环境的良性循环。

3. 乡土植物的应用 乡土性的重要表现是对乡土植物的应用。目前,城市绿化景观建设习惯使用外来植物,在城市景观草坪建设上尤为突出。现在各城市常使用有限的几种草坪草种,而且几乎都是外来种,品种非常单一,却把当地野生草作为杂草对待。在日常养护中,园林绿地中的野草都要被铲除。然而,种类繁多、生长茂盛的野草也是城市生物多样性的一部分,理应得到科学对待;野草生命力强,疏于管理也能顽强生存,应发挥其生态服务功能;对野草适当的选择应用,可以省去许多人工种植的引种草对精细养护和灌溉用水的大量耗费,并可克服由于品种单一难以达到丰富景观的不利因素。应该说,保护城市的野草也是保持城市生态环境的需要,是城市绿化崇尚自然的需要。

乡土树种长期生长于当地,适应当地自然条件,生命力顽强,能发挥其自养功能,降低养护管理成本;多种乡土树种的组合造林,其稳定的生物群落可以提高抗病虫害和抗自然灾害能力,保护当地的自然植被;增加乡土树种,还可凸显本土特色,增加自然野趣;重视乡土树种的利用,还可以构筑稳定的自然生物群落,体现生态的多样性。但从目前来看,乡土植物的应用还有一段长路要走。

乡土植物开发与应用可以从以下八个方面开展:一是加强基

础研究,建立乡土树种种质资源保存库;二是保护现有的乡土植物群落;三是最广泛的应用就是最有效的保护;四是乡土木本植物种质创新,以育种为基本手段,选育优良品种;五是潜在植被的认识与应用;六是树种合理配置,科学种植;七是利用和适应群落发生发育规律;八是建议优先开发的乡土植物。

（四）生物多样性方法

一般来说,生态系统的结构越多样复杂,抗干扰能力越强,越易于维持稳定状态。园林设计中的多样性应体现在生物多样性和空间利用方式的多样等方面。

自然系统容纳了丰富多样的生物,生物多样性是城市人们生存与发展的需要,是维持城市生态系统平衡的基础。生物多样性至少包括三个层次的含意,即生物遗传基因的多样性,生物物种的多样性和生态系统的多样性。多样性维持了生态系统的健康和高效,因此是生态系统服务功能的基础。与自然相容的设计就应尊重和维护多样性,"生态园林的最深层的含意就是为生物多样性而设计"。为生物多样性而设计,不但是人类自我生存所必需的,也是现代设计者应具备的职业道德和伦理规范。而保护生物多样性的根本是保持和维护乡土生物与生境的多样性。对这一问题,生态园林应在三个层面上进行,即保持有效数量的乡土动植物种群;保护各种类型及多种演替阶段的生态系统;尊重各种生态过程及自然的干扰,包括旱雨季的交替规律以及洪水的季节性泛滥。

关于如何通过景观格局的设计来保持生物多样性,是景观生态规划的一个重要的方面。在城市中,要保留一些粗绿化,让野生植物、野草、野灌木形成自然绿化,这种地带性植物多样性和异质性的绿地,将带来动物景观的多样性,能诱惑更多的昆虫、鸟类和小动物来栖息。例如,在人工改造的较为清洁的河流及湖泊附近,蜻蜓种类十分丰富,有时具有很高的密度。而高草群落(如芦苇等）、花灌木、地被植被附近，将会吸引各种蝴蝶，这对于公园内少儿的自然认知教育非常有利。同时，公园内景观斑块类型的增加，生物多样性也会增加，为此，应首先增加和设计各式各样的园林景观斑块，如观赏型植物群、保健型植物群落、生产型植物群落、疏林草地、水生或湿地植物群落。曾一度被观赏花木、栽培园艺品种等价值标准主导的城市园林绿地，应将生物多样性保护作为最重要的指标。每天都有物种从地球上消失的今天，乡土植物比奇花异卉具有更为重要的生态价值；通过生态设计，一个可持续的、具有丰富物种和生境的园林绿地系统，才是未来城市设计者所要追求的。

多样性还表现在对空间的充分利用上，就是以自然群落为范本，创造合理的人工植物群落，使植物在空间中各得其位，尽量创造多样的生境。

园林设计的基址经常有两种不同类型地段的交接与过渡，如水陆交接处、林缘、建筑基础四周，这些空间有着边缘效应，是生物生境变化较多的地带，能为人类提供多种生态服务，有着多样的生物流。应充分利用边缘地带，在丛林边缘，自然的生态效应会产生景观丰富、物种多样的林缘带，可以充分利用这种边缘效应创造丰富的景观。实践中经常忽视边缘效应的存在。人们常常看到水陆过渡带生硬的水泥衬底，本来应该是多种植物和生物栖息的边缘带，却只有暴晒的水泥或硬质石块。在河岸处理中，应仿效自然河岸，采取软式稳定法代替钢筋混凝土或石砌挡土墙的硬式河岸，这有利于维护和保护生物多样性，增加景观异质性，促进循环，构架城市绿色走廊，而且有利于降低建造和管理费用。

（五）循环经济方法

要实现人类生存环境的可持续发展，必须高效利用能源，充分利用和循环利用资源，尽可能减少包括能源、土地、水、生物资源的使用和消耗，提倡让废弃的土地、原材料包括植被、土壤、砖石等服务于新的功能,循环再用。要将循环经济的基本原则——减量化(Reduce)、再利用(Reuse)、资源化(或再循环)(Recycle)简称"3R"原则,融入生态园林中去。

1. 减量化　减量化原则属于输入端控制原则,旨在用较少原料和能源的投入来达到预定的生产目的和消费目的,在经济活动的源头就注重节约资源和减少污染。在生产中,减量化原则要求制造商通过优化设计制造工艺等方法来减少产品的物质使用量,最终节约资源和减少污染物的排放。在消费中,减量化原则提倡人们以选择包装物较少的物品,购买耐用的可循环使用物品,而不是一次性物品,以减少垃圾的产生;减少对物品的过度需求,反对消费主义。

减少自然资源的消耗主要包括节约用地,降低物耗、能源和水耗,合理利用自然的光、水、风、温度等自然要素,利用生态系统自身的功能减少自然资源的消耗。

2. 再利用　再利用原属于过程性控制,目的是通过延长产品的服务寿命,来减少资源的使用量和污染物的排放量。在生态园林设计中体现为更新改造,如可以对厂房、废弃地遗留下来质量较好的建材、构筑物进行改造,以满足新功能需要,以及对原有植被的尽可能保留。这样可大大减少资源的消耗和降低能耗,还可节约因拆除而耗费的财力、物力,减少废弃物的产生。

对城市工业废弃地,通过生态恢复,可开辟成为公园、绿地等休闲娱乐场所,同时减少了废弃地处理成本,一部分老厂房和构筑物还可以成为公园的有机组成部分,并体现出时代的变迁之感。其他如建筑废物、矿渣、铁轨、残碎砖瓦等废弃物,也可局部或部分利用,产生新的功能,同时减少生产、加工、运输的物耗与能耗。还可以重复使用一切可利用的材料和构件如钢构件、木制品、砖石配件、照明设施等。它要求设计师能充分考虑到这些选用材料与构件在今后再被利用的可能性。

3. 资源化　资源化是输出端控制,是指废弃物的资源化,使废弃物转化为再生原材料,重新生产出原产品或次级产品,如果不能被作为原材料重复利用,就应该对其进行回收,旨在通过把废弃物转变为资源的方法来减少资源的使用量和污染物的排放量。这样做能够减轻垃圾填埋场和焚烧场的压力,而且可以节约新资源的使用。

自然资源可分为水、森林、动物等再生资源和石油、煤等不可再生资源,对再生资源的合理利用可以减少对环境的影响。在园林设计中利用水资源和其他可再生资源可减少环境的负效应。自然界的植物是自生自灭、自播繁衍的,在园林设计中可以利用植物的这种规律,如采用自播繁衍的地被植物可以减少维护的成本,而起着相似观赏作用的人工草坪,维护管理的费用高,而且过一定年限后会退化,需重新铺设。

以上原则中,减量原则属于输入端方法,旨在减少进入生产和消费过程的物质量;再利用原则属于过程性方法,目的是提高产品和服务的利用效率;再循环原则是输出端方法,通过把废物再次变成资源以减少末端处理负荷。

循环经济的根本目标是要求在经济过程中系统地避免和减少废物,再利用和再循环都应建立在对经济过程进行了充分源削减的基础之上。

总之,风景园林建设中尽可能使用再生原料制成的材料,尽可能将场地上的材料循环使用,最大限度地发挥材料的潜力,减少生产、加工、运输而消耗的能源,减少施工中的废弃物,并且保留当地的文化特点。如德国海尔布隆市砖瓦厂公园,充分利用了原本砖瓦厂的废弃材料,砾石作为道路的基层或挡土墙的材料,或成为增加土壤中渗水性的添加剂,石材可以砌成挡土墙,旧铁路的铁轨作为路缘,所有这些废旧物在利用中都获得了新的表现,从而也保留了上百年的砖厂的生态的和视觉的特点。

充分利用场地上原有的建筑和设施,赋予新的使用功能。德国国际建筑展埃姆舍公园中的众多原有工业设施被改造成了展览馆、音乐厅、画廊、博物馆、办公、运动健身与娱乐建筑,得到了很好的利用。公园中还设置了一个完整的自行车游览系统,在这条系统中可以最充分地了解、欣赏区域的文化和工业园林,利用该系统进行游览,可以有效地减少对机动车的使用,从而减少环境污染。

高效率地用水,减少水资源消耗是生态原则的重要体现。一些园林设计项目,能够通过雨水利用,解决大部分的园林用水,有的甚至能够完全自给自足,从而实现对城市洁净水资源的零消耗。在这些设计中,回收的雨水不仅用于水景的营造、绿地的灌溉,还用作周边建筑的内部清洁。如德国某风景公园中最大限度地保留了原钢铁厂的历史信息,原工厂的旧排水渠改造成水景公园,利用新建的风力设施带动净水系统,将收集的雨水输送到各个花园,用来灌溉。水景可为都市带来了浓厚的自然气息,形成充满活力的适合各种人需要的城市开放空间,这些水都可来自于雨水的收集,用于建筑内部卫生洁具的冲洗、室外植物的浇灌及补充室外水面的用水。水的流动、水生植物的生长都与水质的净化相关联,园林被理性地融合于生态的原则之中。

(六)生命周期方法

生命周期的评价在工业生态学中是一种面向产品的方法,它评价产品、工艺或活动,从原材料采集到产品生产、运输、销售、使用、回用、维护和最终处置整个生命周期阶段的所有环境负荷,它辨识和量化产品整个生命周期中能量和物质的消耗以及环境释放,评价这些消耗和释放对环境的影响,最后提出减少这些影响的措施。

生态原理的应用体现在关注园林从开始到最终的全过程,即园林的生命周期,力图在源头开始,在全过程预防和减少环境问题,考虑生命周期的每一个环节,而不是等问题出现后再解决。

园林中生态原则的应用应以系统的思维方式去考虑园林在

每一个环节中的所有资源消耗、废弃物的产生情况,评价这些能量和物质的使用以及所释放废物对环境的影响,并采取可行的设计方法。如:减少资源消耗,包括能源、水、土地消耗的最小化;增强材料的可回收性和耐久性以及材料的封闭循环;减少对自然的影响:包括减少气体的排放、水的流出;废物的处理,如有毒物质的无害化处置,培育可持续使用的再生资源等;提高材料的服务价值,设计使用者实际需要的功能,这样使用者接受同样功能的设计耗用的资源与能源较少。

(七)公众参与方法

当前风景园林规划设计的过程,以设计师和领导为主导,而缺少真正的使用者——公众的参与,忽视倾听公众的要求和愿望,越俎代庖的设计自然难以真正满足公众的需要。园林离不开所在的社会,公众是社会的主体,园林又是为公众服务的,是社会根本利益之所在,园林规划设计合理与否,直接影响公众的生活质量,公众也最关注其周围环境的发展。公众的生态意识和生态作为能对园林产生特定的影响。园林环境,尤其人居环境的开放空间建设中引入公众参与体制是迫切而有意义的。作为公众所喜爱的户外游憩场所,生态园林建设和管理中加强与公众的交流是必需的,在新的时期下,更要探讨更广泛、更深入、更有效的公众参与方式。

公众参与首先体现在公众参与设计。园林设计包含在每个人的日常生活中,而不应局限于少数的专业人员,每个人的决策和选择都将对设计产生影响。传统意义的园林设计多为专业人员创造,认为设计仅仅是设计师高雅的创作过程。而融入生态园林的设计则强调群策群力,每个人都是设计师,都可以提出自己的意见和方法。专业人员与大众进行合作与交流,也使专业人员的理念和目标被大众接受,更容易实施。人人都是设计师,人人参与设计过程,风景园林设计应融大众知识于设计之中。同时,公众如果积极参与到园林的设计中,还能有效地对设计师和项目决策这两个主体进行制约,形成合理的公众参与风景园林规划设计决策模式。三者相互影响、相互制约,综合平衡各种使用者的需求,有利于克服片面性。有了公众的参与,能集思广益,使决策更为科学,增强设计项目的可操作性,避免设计师陷入形式的自我陶醉之中;还能统一思想,有效实施规划设计,促进市民对城市园林景观的理解力和市民素质的提高;有助于双方观念改变及建成后公众的自觉管理与维护,进而促进监督,减少暗箱操作等违规事件的发生,推动园林绿化事业的健康发展。

(八)生态园林建设中的技术运用

一个好的规划设计源自于对目标的整合认识,这就要求运用合适的方式或手段达到对事物的客观性分析与评价。

1. 遥感技术、地理信息系统及数据库运用 遥感技术具有多平台、大范围、多波段、多时相的特点,广泛应用在资源、环境、生态研究、土地利用等领域。遥感影像可提供形态信息和色调(灰度)信息,通常可直接反映一个地域的地势、植被、地表水分布特征和土地利用特征,而气候、土壤、地下水、环境污染等特征可借助特殊的光学处理方法,或借助间接指标解释一些参数。它可以为进行生态研究及规划提供多方面信息,并直接反映在生态图上。

地理信息系统(GIS)是利用计算机网络对地理环境信息进行分析的综合技术系统。它能迅速、系统地收集、整理和分析各地区乃至全国的各种地理信息,通过数字化模式存储于数据库中,并采用系统分析、数理统计等方法建立模型,提供所研究地区的历史、现状和发展的全面信息。目前被广泛应用于景观生态研究、景观管理、区域规划等领域中。地理信息系统体现了区域性和综合性特点,具备系统分析功能;遥感则善于提供同步的、反映客观的空间分布规律的信息。二者综合使用可发挥更大效益。

2. 风景视觉资源评价系统　　风景视觉资源是风景资源的一部分,是认识、理解、规划、管理风景的关键。20世纪60年代风景视觉资源评价这一课题被提出,并纳入风景视觉资源管理体系之中。其主旨是通过一种科学的方法和手段来认识风景,对不同风景进行科学分类,并为规划和管理提供客观的依据,进而达到对风景视觉资源的有效、永续利用。同时在视觉角度,探索了设计什么样的风景才能满足人们多层次的审美需求。

专家评价系统是风景视觉资源评价体系中的一个影响较大的学派,主要由富有经验的专家对客观风景本身进行评价。其主要理论方法为:基于形式美的原则,认为符合形式美原则的风景一般都具有较高的质量,即属于优美的风景,评价方法是将风景分解为线条、形体、质地和色彩等基本构成元素,以非数量化和数量化方法相结合来评价风景。

风景视觉资源系统的意义和作用是明确的,但其在理论和实践方面均存在许多不足,仍须进一步完善。如评价因子选择、权重的分配、每项因子的评判标准的制定等。

3. 多种分析方法及数学模型的引入　　在园林的具体实践中,在结合信息收集和资源调查中,还引发了多种分析方法的探讨,如空间—形体分析方法、场所—文脉分析方法、相关线—域面分析方法、城市空间景观分析方法等,都是对园林学的丰富。另外,现代园林学在客观求证,尤其在生态性的量化研究方面,需要多学科的参与和综合方法的指导,这就不得不借助于大量的数学模型,并以其严谨性和逻辑性保证研究得以顺利进行。

园林有着保护城市环境、文教游憩、景观、防灾和社会效益等综合作用,其组成很多是使城市生态系统协调发展的因素。就生态角度讲,园林设计中应用生态原理是对不平衡的城市生态系统的一种挽救和恢复,在发挥好园林各种作用的同时,尽力解决当前众多生态问题,使城市生态系统趋向于平衡,这种平衡包含了空间的结构、功能、区域性协调等横向的协调和时间上的纵向持续与稳定。

风景园林特别是现代生态园林是多学科交叉的结果,要综合考虑功能、生态、艺术等问题,使园林既具有艺术的感染力又具有科学的合理性。

五、近自然园林

近自然园林提倡遵循自然规律、模拟自然生态环境,以合适的投入获得多重效益,是一种具有自然性、多样性、多重效益性优势的可持续城市绿化建设理念。

近自然园林是以自然法则和生态学为指导,通过保留或模拟自然环境,形成健康的绿地生态系统,使城市绿地功能从美化与游憩转向生态恢复和自然保护。其本质是人类为了利用自然不得已对自然环境所作的改变。近自然园林的目标是在满足人类对园林环境使用需求的同时,维护和创造园林绿地的自然形态和生态的多样性。为了达到目标,必须充分考虑动植物的生存环境,以求人与自然和谐共生,充分利用生态系统的自然力来维护生态系统的自我更新和自我调整。近自然园林强调人类要尊重自然,按照自然规律来建设园林。因此,近自然园林既是一种新型造园理念,又是实现园林可持续发展、实现节约型园林的新模式。

生态园林强调的是用生态学原理对园林绿地进行全过程的调控以发挥生态效益,人为的痕迹较重;近自然园林突出的是园林资源持续性地满足需求的能力和尽可能少的人为调控,更注重自然界自身而非人类的作用,并将人类的作用不着痕迹地融入自然之中。

近自然园林所应用的植物是以当地潜生自然植被为蓝图,模拟自然进行配置的,除模拟自然界的植物组成外,还应模拟植物的生境。潜生自然植被大多是由乡土树种构成的,乡土树种是经过长期自然选择优胜劣汰的结果,是最适宜本地生境的树种。要充分开发本地的资源,形成乔灌草相结合的多层次园林植物群落,提高园林绿地的抗逆性和稳定性,塑造具有地域物种和群落特色的园林景观。2008年的冰雪灾害再次证明了运用乡土树种,适地适树可以有效地避免自然灾害的危害。

近自然设计是一种能最大限度尊重自然和人类文化的设计,在对城市园林建设用地原有地形、地貌条件的利用上,讲究依地就势,体现尊重自然,保持原生态的环境的设计原则。无论是大的山体、水面、片林,还是小的地形的起伏、零星的散生树木,都可以通过合理的设计使之成为城市园林的组成部分,充分反映城市的历史和体现自然的韵律。在城市建设中,设计要结合自然,对于城市内的空地系统的潜在价值和约束因素要综合考虑,从而确保自然过程的运行。

近自然园林采用的施工方法是尽可能地采用乡土材料,在尽可能不破坏当地生态和自然景观的条件下,建设园林绿地的过程,包括雨洪管理、植物栽植、道路的铺设、筑物和园林小品的建设,以及绿地范围内边坡、河流及特殊地形所做的稳定、整治工程与措施等,全过程以生态保护为基础,减少对自然环境造成破坏。

近自然园林采用的管理方法是尽可能利用自然力(或让自然做功),以保护生物多样性和促成植物群落进展演替为目的,并能为人类体验自然提供机会的"少管型"管理方式。

近自然园林的管理与传统的园林管理的内容和目的有本质的不同。传统园林管理的主要内容是整形修剪、中耕除草、林下清理、浇水施肥与病虫害防治等;而近自然管理以监测植物的生长状况和植物群落的演替动态为主。其次,减少干扰,保持城市植物群落的自然属性,建立系统稳定维持机制。

营造近自然园林植物群落的步骤如下。

第一,近自然植物群落的确定。近自然植被的恢复或营建首先要向自然学习如何以当地潜生自然植被为蓝图,关键是确定近自然植物群落类型。近自然植物群落的确定是在遵循园林植物配置的一般原理和方法,在准确把握地带性植物群落结构的基础上,对地带性植物群落加以协调、优化形成的。近自然植物群落是人为轻度干扰的自然群落或者是人工种植后经自然生长、更新和演替所形成的健康、美观的群落。对潜在自然植被的调查是确定近自然植物群落的主要方式,调查的关键是样地的选择:一般以主观判断为主,以城市寺庙、郊区的一些村落附近,城市残存的受人工干扰较少的森林为样地。根据这些残存的植被,以及气候、地形等条件,判断该地区的潜在自然植被类型。如果城市地区没有残存的植被,则通过对相邻地区的植被进行调查,结合气候、地形、土壤等条件确定潜在自然植被类型。

第二,种子的收集与幼苗培育。根据近自然植物群落类型,结合现场的环境条件,确定目标植物群落的先锋树种、建群种和主要的伴生种。遵循就地育苗和就近购苗的原则,在果实成熟时期采集种子,通过容器播种育苗,利用 2～3 年时间培育出根系发育良好、高度达 50～80 厘米的幼苗。在需要购买苗木时则应本着就近的原则,使苗木供应地和移栽地的环境差异最小。

容器育苗是指应用特定容器装填养分丰富的基质培养土培育花木等植物的一种育苗方式。常用的育苗容器有塑料袋、纸等做成的容器袋;塑料,可降解材料压制的穴盘、钵、蜂巢式围板。容器育苗技术始于 20 世纪 50 年代中期,70 年代大规模应用于生产,特别为北欧的芬兰、瑞典、挪威以及美国、加拿大、澳大利亚等国家迅速采用。我国容器育苗技术发展也很快,已广泛应用于造林苗、蔬菜、盆栽花卉的栽培生产。近年来,随着花卉业的发展,容器育苗技术已开始在观赏苗木的培育生产中得到应用。容器育苗的优势:一是产品可参与国际市场竞争。普通苗圃生产是在土壤中栽培,因任何国家都不允许带土壤的植物材料进口,苗木的出口受到限制。普通苗圃生产对于土壤传播的病虫害难以控制,产品难以参与国际市场竞争。二是不受土壤条件的限制。容器栽培采用的是人工基质代替土壤,对生产场地的要求不严格,可以在盐碱地、风沙地、工矿废弃地或裸岩山坡地等进行,无土传病菌,可以满足出口和远距离运输的要求。普通苗圃栽培,移苗时常带走大量肥沃耕层熟土,不但增加运输费用,长期种植苗木对土壤的破坏性很大,直接影响土壤的持续生产能力。三是成苗速度快,出圃率高。通过人为创造苗木生长的最优环境,水分、养分及通气条件良好,苗木生长旺盛,同时冬季可采用覆盖措施,苗木提早发芽,生长期加长,大大缩短生产周期,出圃率提高,苗木质量得以保证。研究结果表明,容器栽培苗木生长率比普通苗圃的生长率高30%～40%。四是成活率高,无缓苗期,绿化见效快。普通苗圃中的苗木在移植过程中,无论带土球或裸根,都存在根部伤害问题,要保证较高的成活率,必须在适宜的季节栽植,大树移植成活率低。由于苗木根系受到伤害,缓苗需要较长的时间,绿化植树见效慢。容器栽培系统中,苗木直接在容器内生长,根系限制在容器内,移栽过程中不对苗木根系产生破坏作用,因而栽后即开始生长,无缓苗期,植树绿化见效快。五是实现苗木常年供应,满足市场发展需求。今后市场发展趋势是要达到植树不分季节,实现苗木常年供应。因而,仅春季有苗木供应将影响产业的发展。容器栽培是工厂化生产,苗木根系限于容器中,无论运输距离远近、何时移植,均不会对苗木根系造成影响,而且产品供应时间不受限制,也可不受植树季节限制,保证市场需求。六是可提高生产率,防止环境污染,节约资源,占用土地面积少。比普通苗圃生产节水50%,节肥60%,减少了环境污染,成本降低,收入增加,生产率大大提高。在普通苗圃管理中,用工最多的是除草,容器栽培采用基质栽培,基本不存在除草问题,生产管理费用大大降低。七是安全有效,抵御自然灾害能力加强。容器栽培避免了普通栽培中冬季根系冻害、枯梢,夏季根部热害,并能抗风。同时,容器栽培采取夏季遮阴,冬季覆盖,比普通苗圃生产能抵御更极端的低温和高温等自然灾害。

第三，土壤改良与混合密植。近自然园林中一般借鉴宫胁造林法，通过人工营造与后期植物自然生长的完美结合，形成群落结构完整，物种多样性丰富，趋于稳定状态，后期完全遵循自然规律的"少人工管理型"森林。城市森林的建设与近自然园林中植物的营建理念是一致的。

城市因人为干扰严重，园林用地土壤的理化性状不太理想，透水透气性极差，必须对土壤进行改良。在保证土壤性状优良的情况下，采用复层林、短期与长期效果结合互补的种植模式。在下层将 $50\sim80$ 厘米的多种类的目标树种混合密植，苗木密度一般定为 $2\sim3$ 株/米^2。高密度种植既有利于环境对苗木的自然选择，同时也可作为"苗木银行"，以备今后绿化之用。上层配置 $2\sim3$ 米高的速生先锋树种，株行距3米左右，起到"遮阴木"和"肥料木"的作用，为下层目标树种的生长提供遮阴环境，其落叶又可以增加土壤的养分。待目标树种形成一定的规模后，进行适度的疏减，以减轻竞争的压力，并为其他地区的绿化建设提供优质的种苗。复层林建设是近期与远期景观效果融合的最佳模式，也是实现生态效益与经济效益并重的有效途径。

第四，后期管理。为了减少人为干扰，苗木栽植后用稻草或秸秆覆盖，并用草绳将覆盖物压住，防止风吹干燥以及杂草滋生。同时，腐烂的秸秆分解后可以增加土壤的养分。如有条件还可以在上面洒水，既保墒防火，又有利于土壤养分分解与释放。苗木成活之后的管理分为幼龄管护期、速生管护期、成熟管护期。幼龄管护期指造林初期的 $3\sim5$ 年内，植被的郁闭度较小，可能会有强竞争性的杂草侵入，其主要的任务是清除具强竞争性并影响景观效果的杂草（对其他的杂草可任其生长）和适当施肥，地上部分结合植物生长状况进行调整，目标是促进植物营养生长，加快形成幼林期林相，是林分形成的关键期。速生管护期时间长短因树种和管护水平而异，一般在 $6\sim15$ 年，林间乔灌木的时空位置相对合理，郁闭度均达到0.6以上。管护由地下地上双重管护逐渐

133

转向以地上部分林木管护为主，重点是局部活立木抽稀，以及对已出现更新层苗木作合理的人工干预。成熟管护期林分结构渐趋合理林相稳健，主要展开以森林有害生物控制和森林防火为重点的管护工作，促进林分的更新。近自然园林植物管理避免对植物生长的人为约束，大胆展现植物随季节繁盛衰亡的自然轮回，人们在这样的环境中感受更多的是放松的心情，以及与自然的谐调。

建造"近自然"群落的方法在世界各地都已得到广泛应用，目前，在上海也获得初步成功。2001年在上海浦东新区建设的第一块城市"近自然森林"样板林中，以青冈、红楠和苦槠等上海地带性植被的建群种为骨干，辅以女贞、海桐和蚊母树等伴生种，采用苗高为30厘米左右的1～2年生容器苗，经过几年时间，已初具规模，灌木林景观基本形成，即可形成郁闭的森林景观。今后应进一步研究和应用更多的树种，而非局限于某一些乡土植物。其实，上海的乡土树种中不乏优良的观赏性植被，如常绿阔叶乔木红楠、天竺葵、冬青等，落叶阔叶乔木榔榆、榉树、合欢、乌桕、梧桐、旱柳、梓树、栾树、苦楝、香椿、臭椿等都是优良的庭院绿化和行道树种。紫金牛和络石等是良好的地被植物。充分发挥这些乡土植物的作用，同时培育和开发其同属种群，提高其遗传多样性，必能为上海的园林绿化增添不少亮点。

进一步推广"近自然"群落的建设有利于保护植物多样性水平，更利于提高城市园林绿化的整体质量和生态功能。

六、退化林地的恢复与重建

生态系统的退化严重影响着人类的居住环境和社会、经济的可持续性发展。因此，在保护现存的自然生态系统的基础上如何综合治理退化了的生态系统，恢复与重建健康及可持续的生态系统，成为当今世界各国普遍关注的一个新兴的应用生态学发展领域。中国退化生态系统的面积约占国土面积的 40%，其中荒漠化面积占国土的 27.3%。生态恢复是我国社会经济发展的必然选择。根据国家中长期科技发展规划专项（5）：生态建设、环境保护与循环经济科技问题研究，该研究的重点领域包括退化生态系统恢复与重建。

退化生态系统是指生态系统的结构和功能在干扰作用下发生与其原有的平衡状态或进化方向相反的位移，导致生态要素和生态系统整体发生不利于生物和人类生存的变化，并形成障碍，造成破坏性波动或恶性循环。具体表现在生态系统的基本结构和固有功能的破坏或丧失，生物多样性下降，稳定性和抗逆性减弱，系统生产力下降，也就是生态系统服务功能下降或丧失，称为退化或受损生态系统。

生态恢复是指恢复被损害生态系统到接近于它受干扰前的自然状态的管理与操作过程，即重建某区域历史上曾有的植物和动物群落，且保持生态系统和人类的传统文化功能的持续性的过程。生态恢复并不意味着在所有场合下恢复原有的生态系统，这既没有必要，也没有可能。生态恢复的关键是恢复生态系统的功能，并使系统能够自我维持。

（一）生态恢复的三个层次

1. 物种层次

(1) 遗传多样性模式 为一个具体的计划选择遗传类型，应首先选择考虑乡土种，这样成功的概率大一些。

(2) 个体数量 "50/500 规则"，关键不是该引入多少个体，而是为达到恢复目标应该引入多少能代表遗传多样性的个体或种群数量。

2. 种群层次 恢复必须使栖息地能处于自我维持的半自然状态，最终产物是必须能自我维持的种群或群落。

3. 景观层次 对大面积的生态恢复，需要在更广的尺度，即景观层次尺度上解决问题。

恢复生态学是 20 世纪 80 年代迅速发展起来的一个现代应用生态学的分支学科，主要致力于在自然突变和人类活动影响下受到损害的自然生态系统的恢复与重建。其强调的是生态系统结构的恢复，实质是生态系统功能的恢复。

（二）林地恢复计划的制定

在设定一个森林恢复方案时要充分考虑目标的可行性，如目前天然林的状态、实现目标的技术难度等。一些管理效果是可以直接看到的，如种植经济林、原地造林等；但有一些间接影响是无法预测的，包括林地分割、物种灭绝、外来种入侵、污染和气候变化。

1. 恢复的控制点　实施恢复计划首先需要了解恢复以前的生境状况。

2. 林地的选择和适合性　附近地区残留林地或有准确的历史记录，就可以容易确定要恢复的森林类型。优先需要恢复的林地通过自然保护政策确定，再结合范围大小、天然性、代表性和历史记载等准则可以选择优先恢复区域。

3. 适度的人类干预　针对非天然特征，需要适度干预，主要通过移除非本地物种，重新引进消失的物种，恢复生态系统活力。

4. 恢复区域的大小与形状　理想的恢复区域面积应该足以承受干扰。最小动态平衡面积因林地类型的不同而有差异，大的自然保护区保护物种多；形状上完整比破碎要好，尽量减少隔离度，簇状比线状好，走廊连接，圆形较好。

（三）林地恢复的原则

林地恢复的原则是：地域性原则；生态学与系统学原则；最小风险与最大效益原则。

（四）林地恢复的方法

恢复的方法包括：封山育林、林分改造（宫协造林法）、透光抚育、森林管理、扩大现存林地面积、效应带、效应岛造林方法、火烧迹地。

（五）林地恢复中存在的问题

作为林地恢复的重要方式之一，造林忽视了生物多样性在生态恢复中的作用，存在的主要问题有以下几个。

1. 大量营造种类和结构单一的人工林　过去大量种植的人工林是纯针叶林，其群落种类单一，年龄和高矮比较接近，十分密集，林下缺乏中间灌木层和地表植被。它导致了林内地表植被覆盖很差，保持水的能力很弱；树林中的生物多样性水平极低；森林中的营养循环过程被阻断，土壤营养日益匮乏；抗虫等生态稳定性差等问题。因此，生态完整性和生态过程的恢复是非常重要的。

2. 大量使用外来种　地带性植被是植物与气候等生境长期相互作用而形成的。在破坏后重建的生态系统大量使用外来种，会对原有系统造成影响，造成生物同质性。

3. 忽视了生态系统健康所要求的异质性　天然的生态系统包括物种组成、空间结构、年龄结构和资源利用等方面的异质性，这些异质性为多样性的动物和植物等生存提供了多种机会和条件。人工林出于管理或经济目标，以均质性出现，不是一个健康的生态系统所具备的。营造生态公益林时应强调异质性。

4. 忽略了物种间的生态交互作用　生态系统的生物与环境间、生物与生物间形成了复杂的关系网，尤其是生物间的相互作用更是复杂。在恢复森林时，必须考虑到野生生物间的相互关系，采取适当的方法促进建立这种良好的关系，这种恢复才是长远之恢复。

5. 忽略了农业区和生活区的植被恢复　我国现今典型的农业生产方式是依靠除草剂、杀虫剂和化肥的大量投入来保护作物并维持地力。除草剂的使用在清除有害杂草之外,还会影响农田区乡土植被的生存,而杀虫剂也会一定程度上影响当地的物种多样性。然而,农业区和生活区的植被恢复并未被纳入大多数地方政府的考虑之中。

此外,造林中还存在对珍稀濒危种需要缺乏考虑,城镇绿化忽略了植被的生态功能等问题。

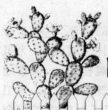

第五章
园林植物规划设计与施工

一、园林绿化工程建设程序

园林绿化建设工程作为建设项目中的一个类别,它必定要遵循规范的建设程序,即建设项目从设想、选择、评估、决策、设计、施工到竣工验收、投入使用、发挥效益的整个过程,其中各项工作必须遵循其应有的先后次序。

第一步,根据地区发展需要,提出项目建议书;

第二步,在踏勘、现场调研的基础上,进行园林规划设计论证,提出可行性研究报告;

第三步,有关部门进行项目立项;

第四步,根据可行性研究报告编制设计文件,进行初步设计;

第五步,初步设计批准后,做好施工前的准备工作;

第六步,组织施工,竣工后经验收可交付使用;

第七步,经过一段时间的运行,一般是1～2年,应进行项目后评价。

建设程序是建设全过程中各项工作必须遵循的先后顺序,这个顺序反映了整个建设过程必须遵循的客观规律。实践中,由于园林绿化项目性质、规模不一样,园林绿化工程建设程序、步骤和内容也会变化,可能某一程序会省略,而另一步骤却不断重复。但整个建设过程,特别对大型园林建设项目来说,整个程序必须

是明确的。

园林绿化设计的必要步骤。法国景观设计的先驱人物,米歇尔·高哈汝对园林景观设计应遵循的步骤做了详尽解说,认为景观设计的九个必要步骤是:进入兴奋状态,全面观察场地,探索超越界限,离开场地以图再来,穿越不同尺度,展望场地未来,捍卫开放空间,公开设计过程,捍卫设计方案。强调了对场地进行全面观察的方法及把握其发展趋势的必要性,说明设计工作是如何在了解场地的基础上逐步得到修正和深入的,并建议大家公开设计的过程,以使工作成果得到更好的理解和认可,值得园林设计师认真领会。原文为"针对园林学院学生谈谈景观设计的九个必要步骤",详见《中国园林》2004 年第 4 期。

二、园林植物景观规划目标

植物景观设计要师法自然,以生物多样性为基础,在设计中同时具备科学性、艺术性、文化性、实用性。在植物景观规划设计过程中,适地适树和选用乡土植物是科学性的基础。乡土植物具有较强的抗逆性、适应性和较高的生态效益,应该成为近自然种植设计的首选。乡土植物是扎根于当地固有自然与风土文化,构筑新历史的生命体。所以,在园林绿化过程中必须以乡土植物为主体,慎重地利用外来植物。

在植物景观规划设计过程中,科学性是基础,然而科学性的核心就在于要顺应自然规律,师法自然是唯一正确的途径和方法,任何违背自然规律的做法都是不可取的;而艺术性要遵循绘画艺术和造园艺术的基本原则,即统一、调和、均衡、韵律四大原则,并通过植物的季相和生命周期的变化使之成为一幅富有生命的动态画面;文化性是设计的灵魂,植物景观设计也不例外,根据特定的文化背景来进行合理的植物景观设计,中国丰富的花文化、比兴、比德的意境是植物景观设计中取之不尽的营养,可大大丰富植物景观相应的文化氛围。园林植物是所有风景园林设计要素中唯一一个可以对环境具有综合生态效益的造园要素，能够解决许多环境问题，如净化空气、增加湿度、调节气温、水土保持等。此外，在实用性方面，现代风景园林项目的尺度越来越大，在面对大尺度植物景观规划设计的时候，对植物景观的认识需要突破传统园林植物配置的理念与方法，扩大植物景观的内涵，从宏观规划层面思考。传统园林植物配置和植物造景的思想本质，主要停留在植物的景观设计层面，注重局部的植物景观视觉艺术效果。随着风景园林研究领域的扩张，植物景观也应从传统的视觉领域中突破，从国土区域、城市大环境等不同的角度来构筑合理的园林植物景观体系。园林植物景观的科学性应该体现在植物景观规划设计的不同层面，不仅体现在对植物种植立地条件的科学选择、植物群落的科学结构等层面，还应该体现在区域、城市或整体的科学布局结构。

三、园林植物景观设计原则

（一）自然性

在园林植物景观设计中，首先要考虑的就是要符合区域自然因素，并且按照植物的特点进行配置，更多的体现植物群落的特色。

（二）地域性

园林植物景观设计应该结合当地的地形以及水系分布情况，充分体现出地域性特点，包括自然风土人情以及人文特性。例如海南园林中种植大片的椰树，就体现了浓厚的热带（地域）风情。

（三）多　样　性

园林植物景观设计不能过于单一，否则就显得乏味，没有美感。设计的时候要能够体现出当地丰富多样的植物品种，使植物景观具有多样性，这就需要合理的配置，不同的物种相互搭配，无论是在色彩上还是在高度上都要互补互衬。

（四）指　示　性

在园林植物景观设计中要以具体的自然条件为前提，具体包括地形、土壤的土质、当地的气候条件、降水量大小、光照是否充足等，所选择的植物种类要适宜生存，否则就会出现枯死或者发育不良等现象，这样不仅不能美化环境，反而使园林景观看起来死气沉沉。

（五）时　间　性

不同的植物有不同的开花或者结果期，也有固定的枯萎期。所以在园林植物景观设计中，要充分考虑不同植物的时间性。避免所选植物的繁茂期在同一时间段，最好是不同时间段的植物交相辉映，保证在一年四季任何时间都有枝繁叶茂的景观。

（六）经　济　性

园林植物景观建设是一个大的工程，需要大量的资金，而且后期维护也是一笔不小的支出，所以在设计的时候一定要考虑经济因素。不能为了追求艺术美而选择一些过于珍贵的品种，造成经济负担。还要尽量不选择1年生植物，这样反复栽种也会增加成本。

四、植物景观规划程序

园林植物景观是一个系统工程，需要具备一套用以指导现代园林植物景观建设的从植物景观规划设计到施工建设的完整体系。该体系可以解决目前园林植物景观规划建设中的诸多问题，拓宽植物景观规划层面理论研究的思路，明确植物景观规划设计的内容，规范植物景观规划设计程序。一般地，风景园林植物景观规划设计的程序，归纳为现状分析、概念及详细规划、方案设计、扩初设计、施工图设计、设计的现场调整、编制预算等 7 个阶段。

（一）现状分析

现状分析是植物景观规划设计的基础，是指导植物景观立意的关键。现状分析的深度和广度将直接影响到后续工作能否顺利开展。这个阶段的内容包含资料收集、现场调研、周边考察 3 个部分。

1. 资料收集　资料收集包括地方性城市绿地系统规划；场地所属地区的地域性植被分布；当地气象、土壤、水文、地质的基本情况。

2. 现场调研　现场调研是对场地信息收集的过程，包括场地的生态因子，如现有植物资源、地形、土壤、水文条件等。场地中的自然植被情况，特别要注意古树名木、风水林及其生境的保护。

(1) 现有植物资源　调研场地内现有植物资源，包括植物种类、分布及长势情况，估测植物的体量，如胸径、高度、冠幅等，并分类归纳整理。

(2) 地形　地形在很大程度上决定着植物种类及分布。了解场地内与植被有明显关联的地形情况，包括坡度、坡向、有无明显陡坡、山谷山脊分布等。

(3) 土壤　深入了解场地土壤类型，对制定种植计划起着十分重要的作用。根据项目情况，选择性测定土壤的理化性质，土壤样本的土壤质地、土壤矿物质、酸碱度（pH）、电导率（EC）、通气性、透水性、氮、磷、钾养分状况等。

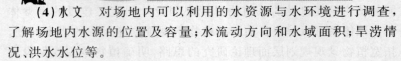

（4）水文　对场地内可以利用的水资源与水环境进行调查，了解场地内水源的位置及容量；水流动方向和水域面积；旱涝情况、洪水水位等。

3. 周边考察　除了要熟知场地内的基本情况之外，还要了解场地所在地的园林绿化状况，如城市绿化整体面貌、风格，城市各类型绿地的概况以及苗圃的苗木供应情况等。

在现场调研的基础上进行现状分析，也是对场地解读的过程。利用人工判读结合地理信息技术，对收集到的信息进行分析，总结出场地营造植物景观的优劣势和限制性条件。

（二）概念及详细规划

以城市总体规划中的绿地系统专项规划为指导，根据城市绿地系统规划结构布局与分区，明确规划用地的绿地类型，在充分利用场地及周边植物材料的基础上，初步确立植物景观规划及现有自然林地、湿地的保护与利用思路。

1. 植物景观概念规划　植物景观概念规划是基于项目总体规划的定位、主题，结合现状分析，提炼出的属于该场所的最具特色的植物景观规划立意。概念规划需要认清植物景观规划目的，明确植物景观基调，从宏观层面整体把握植物景观结构和内容，是指导植物景观营造的核心。

2. 植物景观空间规划　随着现代风景园林规划尺度越来越大，功能需求越来越多，植物景观空间类型也越来越丰富、细化，以便更好地把控整个项目的植物景观基调。

以宏观尺度的空间疏密分布及其序列为植物景观空间规划的重点。空间疏密主要是指植物覆盖地表的程度，一般分为密林、疏林、疏林草地3类。植物景观空间规划是植物景观立意表达的方式之一。

3. 植物景观特色规划　植物景观特色规划是概念规划的深化内容之一，是丰富植物景观内容的关键，也是体现场地特色的重要手法之一。在了解场地功能定位的基础上,结合现状分析,在适宜地段营造适宜的植物景观,构建植物景观特色分区,确定分区基调树种。植物景观特色分区是植物景观的立意表达,各特色分区之间有主次之分,同时也是一个有序的整体。在面对大尺度风景园林规划项目时,植物景观的分区规划是指导植物景观深化设计工作的有效手法之一。

4. 植物景观时序规划 植物景观的时序变化是不同于其他景观要素的独特之处。时序变化包括日变化和年变化。日变化主要体现在小尺度空间内。在概念及详细规划阶段,植物景观的年周期变化为规划重点,包括季相变化和近、远景规划。将植物不同的季相景观统筹在园林空间中,通过植物不同的季相景观特征强化空间中的时序性。植物景观季相规划要与植物景观特色分区相结合,不同的特色主题对应不同的季相变化。植物景观远景规划,一般选择 20 年或 50 年作为调整节点。根据植物预期的生长速度和变化速度,对目前的植物规划提出调整建议,进行远景规划。

5. 植物景观色彩规划 色彩是对植物景观欣赏最直接、最敏感的内容。在植物景观营造中,色彩不仅可以使植物景观变得更有趣,而且还可以引起人们的情绪变化。植物景观色彩规划从宏观层面确定植物色彩的基调及布局,明确植物景观主题立意。

6. 树种规划 植物材料是植物景观规划设计的基础。树种规划要以城市绿地系统规划中的树种规划为前期,在此基础上结合项目特点有针对性地进行树种筛选。

树种选择应从抗逆性、生态功能、美学特性三个方面入手。抗逆性主要包括植物的耐旱性、耐寒性、耐瘠薄、抗污染、抗病虫害等。植物的生态功能是指植物保护自然环境(自然生态系统)免受破坏(向不良方向发展)的功能,主要包括碳氧平衡、蒸腾吸热、吸污滞尘、减菌减噪、涵养水源、土壤活化、养分循环、维系生物多样性和防灾减灾等。美学特性包括植物外在的观赏价值和内在的文化特征、地域特色等。

树种规划要符合自然生态条件需求,以提高物种多样性为原则,尽可能多地运用乡土植物。从植物景观规划立意出发,明确项目基调、骨干树种,合理配置快长树与慢长树、常绿植物与落叶植物之间的比例。

7. 植物群落结构规划 植物群落是植物景观构成的基本单元。乔灌草复层混交的自然式群落结构形式的应用越来越广泛。受功能需求及植物景观立意的需求,植物群落结构形式趋于多样化,包含乔木单层结构、草本地被单层结构、乔木与草本地被、灌木与草本地被的二层结构以及乔灌草复层结构。在概念及详细规划阶段,应从宏观层面梳理植物群落结构的布局,初步确定主要植物群落结构类型分布,还要从宏观层面把控植物景观的整体发展方向,以指导下一步方案设计阶段的工作。

(三)方案设计

方案设计是对概念规划阶段内容的调整、深化过程,需要从大尺度宏观规划层面深入到中小尺度的设计层面。这个过程需要在充分掌握、正确理解规划内容的基础上有序地展开。以植物特色分区为基础,在一个相对完整的植物群落组合单元内,针对空间构成的主要群落进行深化设计,主要包括群落的空间设计、植物材料的选择、平面设计和立面设计。

1. 空间设计 方案阶段的植物空间组织设计,以植物景观特色分区为单元,通过功能、视线的分析,对规划层面的空间关系进行细化,划分出大小不同的密林区、疏林区以及开敞草地的位置和范围。

2. 植物材料的选择 为不同的群落单元选择组成该群落的主要植物材料,包括乔木、灌木、地被、藤本、水生植物等。同时,要明确构成该群落的基调树种、骨干树种以及各类型植物之间所占比例。

3. 平面设计　平面设计指群落构成空间在平面上的布局。平面布局反映了群落与群落之间的空间组织及群落内植物材料在水平方向上的疏密、前后关系。林缘线设计是平面设计的重要内容，是指树林或树丛、花木边缘上树冠垂直投影于地面的连接线。林缘线是植物配置在平面构图上的反映，是植物空间划分的重要手段。空间的大小、景深、透视线的开辟、气氛的形成等大都依靠林缘线设计。

4. 立面设计　群落的立面设计包含两个方面的内容。其一是植物群落结构，其二是林冠线设计。植物群落结构设计指群落的层次及各层次间的尺度、疏密、空间关系。林冠线是指树林或树丛空间立面构图的轮廓线。不同高度树木组成的林冠线，决定着游人的视线，影响游人的空间感受。

（四）初步设计

初步设计是继方案设计之后的再一次深化设计，是对方案设计内容调整和细化的过程。初步设计可充分借鉴传统园林植物配置的原则和方法。初步设计确定主要植物种类、名称、位置，同时需要控制数量及株行距，并标明现状植物。在项目实践中，种植初步设计往往与方案设计阶段或施工图设计阶段相结合。

（五）施工图设计

植物施工图设计是植物种植施工、工程预算、工程施工监理和验收的依据，应准确表达出种植设计的内容和意图。

1. 种植施工平面图　根据树木种植设计，在施工总平面图基础上，用设计图例绘出各种植物的具体位置和种类、数量、种植方式、株行距等。同一幅图中树冠的表示不宜变化太多，花卉绿篱的图示也应简明统一，针叶树可重点突出，保留的现状树与新栽的树应加以区别。复层绿化时，用细线画大乔木树冠，用粗一些线画冠下的花卉、树丛、花台等，树冠的尺寸大小应以成年树为标准。如大乔木5～6米,孤植树7～8米,小乔木3～5米,花灌木1～2米,绿篱宽0.5～1米,种名、数量可在树冠上注明,如果图纸比例小,不易注明,可用编号的形式,在图纸上要标明编号树种的名称、数量对照表。成行树要注上每两株树的间距。种植施工平面图的具体要求是:在图上应按实际距离尺寸标注出各种园林植物种类、数量;标明与周围固定构筑物和地下管线距离的尺寸;施工放线依据;自然式种植可以用方格网控制距离和位置,方格网用2米×2米～10米×10米,方格网尽量与测量图的方格线在方向上一致;现状保留树种,如属于古树名木,则要单独注明;图的比例尺为1：100～500。

2. 种植施工局部大样图 对于重点树群、树丛、林缘、绿篱、花坛、花卉及专类园等,可附种植大样图,要将群植和丛植的各种树木位置画准,注明种类数量,用细实线画出坐标网,注明树木间距,并做出立面图,以便施工参考。种植施工局部大样图的具体要求是:重点树丛、各树种关系、古树名木周围处理和复层混交林种植详细尺寸;花坛的花纹细部;与山石的关系;图的比例尺为1：100。

3. 种植施工立面、剖面图 种植施工立面、剖面图的要求是:在竖向上标明各园林植物之间的关系、园林植物与周围环境及地上地下管线设施之间的关系;标明施工时准备选用的园林植物的高度、体型;标明与山石的关系;图的比例尺为1：20～50。

4. 种植施工做法说明 种植施工做法说明的要求是:放线依据;与各市政设施、管理单位配合情况的交代;选用苗木的要求(种类、养护措施);栽植地区客土层的处理,客土或栽植土的土质要求;施肥要求;苗木供应规格发生变动的处理;采取号苗措施的苗木编号与现场定位的方法;非植树季节的施工要求等。

5. 苗木表与施工说明书 种植工程说明书包括植物材料的选用情况、苗木质量要求、苗木栽植方法、栽植土理化性质要求、大树移植方法以及养护管理手段等。植物材料表是对项目所用苗木的统计,材料表应包括序号、中文名称、拉丁学名、苗木规格、数量及对苗木的特殊要求。

（六）设计的现场调整

施工现场配合是设计调整和再优化的过程。在种植施工中难免会遇到一些设计阶段无法预见的问题,这有可能会影响到最初的设计理念和景观效果,此时需要设计师快速地进行设计的现场调整,既能解决问题又不影响预期效果。设计的现场调整是项目实施过程中非常重要的环节,是植物景观能否达到预期效果的关键。

（七）预算编制

根据有关主管部门批准的定额,按实际工程量计算,内容包括:基本费;不可预见费;各种管理、附加费;设计费。

绿化种植工程造价有两大内容组成:一是工程直接费用;二是工程间接费用。

1. 工程直接费用　是指完成绿化种植工程的直接成本部分,主要包括3个方面。

（1）人工费用　包括苗木采购到工地以后的苗木场内驳运,挖坑,换土,种植,覆土,保墒,浇水,维护……直至竣工后,养护1个月的时间内所耗用的全部人工费用。

（2）材料费用　包括各种不同品种、规格苗木本身的费用,以及种植时必需的辅助材料费用。辅助材料包括苗木灌溉的水,树干防护的草绳、铅丝,以及各类竹桩、木桩、水泥桩等材料费用。

（3）机械费用　包括大规格苗木,当人工不能扛抬时,必须使用机械搬运到位,然后吊起、复位、扶正等发生机械使用的费用。

人工、材料、机械三项费用,在定额中均有详尽的规定,一般情况下,是不允许随意改动的。但是,定额是按照正常的施工方法,确定人工、材料、机械费用的。由于施工工程的条件、气候千变万化,定额还规定,允许定额规定以外的不确定因素,由甲、乙

双方根据施工现场的实际情况,另行增加工程费用,但必须经过甲、乙双方协商同意,并在施工合同中增加补充条款明确,方可增加工程费用。

2. 工程间接费用 是指完成绿化种植工程后,施工企业必须收取的其他费用,它是绿化工程造价必不可少的组成部分。其中包括:施工企业技术管理人员和企业管理费用的支出,企业的合法利润以及税金等内容。间接费用由相关工程定额管理确定。

随着植物景观设计在整个项目设计中所占的比例越来越大,植物景观规划设计的程序和方法就显得尤为重要。采取正确、合理的设计程序和方法,可以大幅度提高工作效能,有效地控制设计质量,保障合理的工作进度,进而更好地控制项目的实施效果。

五、园林植物种植施工

在园林绿化建设中,园林植物的栽培技术极其重要,直接影响园林植物生长发育过程和生长质量。在绿化施工过程中,应根据植物的生物学特性和环境条件,制定相应的园林植物栽培技术措施。

(一)种植前的准备

绿化种植前,根据规划设计的各项技术参数要求和环境条件进行准备工作。了解施工现场及其光照、温度、湿度、年降水量、风向、风速、霜冻期、冰冻期、土壤类型、土层厚度、土壤物理及化学性质、地下水位的高低、原有植被生长状况及其他生态环境因子。还要了解地下管线和排水管道的分布情况。

1. 确定合理的种植时间 绿化种植首先是确定合理的种植时间。在寒冷地区以春季栽植为宜。北京地区春季植树在3月中旬至4月下旬,雨季植树则在7月中旬左右。在气候比较温暖的地区,以秋季、初冬栽植比较适宜,以使树木更好地生长。在华东地区,大部分落叶树都在冬季 11 月上旬树木落叶后至 12 月中下旬,及翌年 2 月中旬至 3 月下旬树木发芽前栽植。常绿阔叶树则在秋季、初冬、春季、梅雨季节均可栽种。

2. 施工组织 施工组织是一项综合工作。各个施工项目进度的确定,每道工序的衔接,物质材料的供应,施工人员及各项工作量的调配,以及总体规划和设计意图的实施等,都要求密切配合,确保绿化施工任务保质保量按期完成。

(1) 充分理解设计方案及意图,了解施工现场具体情况 施工单位在拿到设计方案的全部资料、设计图纸、设计说明及相应的图表后,应仔细理解,吃透图纸上的所有内容,充分听取设计人员技术交底和甲方对地上物体的处理要求,地下管线的分布状况,以及对本项绿化工程的要求和预期效果。制定相应的施工措施,并以此作为定点放线的依据。

(2) 了解工程的施工期限、工程投资及设计概算 工程的施工期限,包括全部工程总的进度期限。根据绿化工程进度期限,制定各项单个工程的具体时间。绿化施工,不同于其他工程施工,它要根据不同树种的生物学特性及物候期,安排栽植日程。辅助工程围绕绿化主体工程安排日程,并遵照主管部门批准的投资金额和设计概算数值,进行工程量的计划安排。

(3) 劳动力和物资供应安排 按工程任务总量和劳动定额,制订出每道工序所需的劳力,以确定具体的劳动组织形式和用工时间。根据工程进度的需要,确定苗木、工具、物资材料的供应计划,如用量、规格、使用期限等。

(4) 运输计划安排 运输计划根据总工程量及施工进度的需要,安排所用的机械设备、车辆型号,制定出具体使用日期和台班数。

3. 原有树木的保存 场地原有树木经确定需要保存的,在土建施工以前,应采取措施暂时围起来,以避免由于踏实、焚烧造成损伤。为了防止机械损伤树干、树皮,应用草袋保护。特别是行道树,有时由于更换便道板或种植穴板,需要做垫层,石灰和水泥都会造成土壤碱化,危害树木正常生长。因此,在施工过程中先将种植穴用土护起,做成高30厘米以下的土丘,避免石灰侵入。如果垫层需要浇水养护,应及时将种植穴围起,或将水导向别处,禁止向种植穴内浇含有石灰、水泥的水。

(二)场地平整

场地平整是指在开挖建筑物基坑(槽)前,对整个施工场地进行就地挖、填和平整的工作。在进行场地平整之前,应首先确定场地设计标高,计算挖、填方工程量,确定挖、填方的平衡调配,并根据工程规模、工期要求及现有土方机械条件等,确定土方施工方案。场地平整时,通常按照方格网法计算工程量,具体步骤如下:

第一,在地形图上将整个施工场地划分为边长10~40米的方格网;

第二,计算各方格角点的自然地面标高;

第三,确定场地设计标高,并根据排水坡度要求计算各方格角点的设计标高;

第四,确定方格角点挖、填高度,即地面自然标高与设计标高之差;

第五,确定零线,即挖、填方的分界线;

第六,计算各方格内挖、填方土方量;

第七,计算场地边坡土方量,最后得出整个场地的挖、填方总量。

(三)土壤改良

土地是植物的生命根基,土壤和植物之间有着密切的生态依存关系。一切陆生植物都靠土壤供给的水、肥、气、热赖以生长发育。但是,在园林绿化系统,长期存在重视树木花草的选材和养管,忽视土壤质量的问题。再加上客观条件的限制,在部分地区,土地和土壤质量差成为当地园林绿化发展的瓶颈。一般绿地土壤肥力较低,不能持续、均衡地满足园林植物的生长需求,导致小苗"僵化"、绿地"退化"等现象,主要原因是以土壤为基础的水肥失调失控所致。所以,提高土壤质量是绿化繁茂的关键之一。

1. 土壤特性　绿地土壤虽然大部分是从农业土壤演变而来,但由于受人为活动和建设程序的影响,或按造园规划堆山挖湖;或在主体工程如道路、广场及各类建筑的"边缘"、"夹缝"里堆、填出来,与农业土壤有明显差异。绿地土壤的形成特点是先天不足。很多土壤从别处运来,来源复杂,包括主体工程废弃土,如市政工程的底土、僵土、淤泥,建筑地基的深层"生土"等。一些不适用于做路基、建筑基槽的劣质土,都成为绿地土壤。建筑垃圾等土壤侵入体,如拆迁宅基三合土、碎砖断瓦、路渣砼块、砂石朽木等,往往在绿地中杂乱分布,形成妨碍植物生长的"暗礁"和机械作业的障碍。

绿地在使用中的土壤退化现象也难以满足植物生长需求。一方面受环境污染影响。道路绿地和城市绿地受交通污染、大气降尘、酸雨、使用农药等影响,土壤上层有重金属、持久性有机污染物(pops)、多环芳烃(PAHs)等积累和土壤结构破坏。另一方面,开放绿地超负荷践踏。游人踩踏,致使土壤坚硬、紧实,导致土壤理化性质变差。

绿地土壤的主要弱点是有机质含量低,有效养分少;土壤紧实,结构差,通气孔隙少,保水保肥性能差;土壤化学性质不良,pH 值北高南低,大多数偏离植物生长适阈;土壤 EC 值高低不均,土壤溶液对植物根系生长的适宜性差;绿地排灌系统或缺少或不畅,往往导致绿地雨季渍水,旱季缺水;以微生物和土壤酶活性为表征的土壤生态活性差,土壤肥力低。

2. 换种植土方法　如果土质不符合种植要求,需要更换种植土,方法与步骤如下。

（1）**整地挖土** 放样后用挖掘机挖土，分层分片清除。面土就近集中堆放作绿化种植土，深层土造地形深埋或外运。

（2）**绿地回填土和种植土** 表层瓦砾土应回填到绿地底层，瓦砾土层平整后进种植土，对种植土的要求是通过对样品实验室分析，要求土颗粒均匀，以沙性土为主，肥力中等以上，不板结，pH 值呈微酸性，当未达到上述要求时，应更换种植土或采取补救措施，如施肥、调整酸碱性等方法。

（3）**表土的采取和复原** 土壤是花草树木生长的基础，土壤中的土粒最好是构成团粒结构。适宜植物生长的团粒大小为 1～5 毫米。一般情况下，表土具有大量养料和有用的土壤团粒结构，而在改造地形时，往往剥去表土，这样不能确保植物有良好的生长条件，因此应保存原有表土，在栽植时予以有效利用。在表土的采取及其复原过程中，为了防止重型机械进入现场压实土壤，避免团粒结构遭到破坏，最好使用倒退铲车掘取表土，并按照一个方向进行，表土最好直接平铺在预定栽植的场地，不要临时堆放，防止地表固结。掘取、平铺表土作业不能在雨后进行，施工时的地面状况应该十分干燥，机械不得反复碾压。为了避免在复原的地面形成滞水层，平铺时要很好地耕耘。

表土复原地的地基应耕起一定的厚度，以便和复原表土合为一体。采取深耕方法让土地风吹日晒，从而达到复原地膨软的目的。如果下层土质不好，应改良土壤，土壤改良深度以 80～100 厘米为宜（含表层）。

3. 土壤改良对策 在绿地建设中，按系统工程学原理，要全过程实施土壤质量管理和土壤改良。

规划设计时，要按区域地形地貌特点"借景随形"，科学设计绿地地形；在施工中要保护表层熟土、控制进土质量，严格实行园林绿化工程土壤质量检测。凡不得已而用劣质土时，一定要在种植前做好有针对性的土壤改良，即在植物生长有效土层翻土，把建筑垃圾拣出集中深埋于植物根系下层，形成有益的排水通气层;把淤泥翻出置于土表晒干、风化后,还会成为好土甚至肥料;生土层多施有机肥促使熟化等,"见招拆招",化害为利。切忌盲目赶工,遗留后患。

完善排、灌系统,凡城市绿地都按规定纳入城市给排水管网;郊野绿地与本区流域水系顺畅衔接。

多施有机肥,培肥土壤,并调节土壤碳氮比在 1∶12 至 1∶20 范围内,为土壤微生物和土壤酶创造合适的发展条件。

碱性土地区,科学地施用酸性物质,如过磷酸钙、硫酸钙、磷石膏、硫磺粉等降低土壤 pH 值;红壤和砖红壤(强酸性)地区,科学地使用碳酸钙、钙镁磷肥、石灰氮等,以中和土壤的强酸性。总目标是保持土壤 pH 值在 5.5～7.5 之间。

勤松土,北方冬翻冻垡,南方旱季晒垡;有条件的可采取机械"震动松土"等。目标是保持土壤通气孔隙度不小于 5%。

施用土壤改良介质和土壤结构凝结剂等改善土壤结构,协调土壤固、气、液"三相比"。目标是培育土壤团粒结构。

对人流量大的行道树树穴、开放绿地大树根系集中的地面,采用透气盖板等减轻过度践踏造成的土壤性质劣化。

对绿化土壤的改良对策还包括启动和促进植物改良土壤的良性生态循环。

"落叶归根"和"秸秆还地"。树坛落叶就地浅翻入土,以增加土壤有机质;树林落叶积为地表枯叶层,发挥滞留雨水、抑制杂草、庇护小动物等生态效益;换季草花残体等或就近埋于隙地或作为堆肥原料。

种植有培肥土壤作用的多年生地被植物,如北方的小冠花、紫花苜蓿等,华东、华中的白花三叶草、毛叶苕子等,都既有观赏价值又有固氮能力;华南地区可种植蟛蜞菊等不择土壤、生长迅速、覆盖面大有观赏价值的地被植物。使用各种菌肥如有固氮作用的根瘤菌,有酸化土壤作用的硫细菌,与树木根系互利共生的"菌根"等。

土壤和植物互促互动。土壤生态系统是生物圈中无机界与有机界相互作用过程中形成的独特系统,在土壤生态系统中既有无机矿物质颗粒、有机质、水分、空气等,又有肉眼无法辨认的土壤微生物、土壤酶等。土壤是地表物质与能量转化交换的活跃场所,许多生化生理过程都是在土壤中进行的。土壤是陆生植物的生长基底,土壤供给植物生长必需的水分、养分、空气和热量,使植物得以生长发育;而植物的生育繁衍又能改良土壤,增加土壤有机质,改善土壤理化性质,伴生和发展各种土壤微生物和土壤酶等,提高土壤生态活性。土壤的酸碱性,有机质、矿物质含量与形态,土壤质地及"三相比"(固、液、气)等,都直接影响植物的生长发育和种群分布。不同种类的土壤其自然植被各不相同,土壤和植物之间,表现出明显的生态依存和生态互动互促关系。

土壤 pH 值对土壤养分的有效性和土壤微生物的活动影响很大,在土壤改良和培养土配制中,应作为第一"目标要素"予以关注。

土壤改良是一个"系统工程",既要全面、综合、持续地进行,又要因地制宜,抓住重点,科学、有效地实施。

土壤生态培育是改良土壤的"钥匙";增加土壤有机质是改良土壤的物质基础;促进土壤微生物和土壤酶的健康发展是提高土壤生态活性的关键。

生态园林主张绿化种植后,以少量的人工辅助,让植物接近自然生态的动态平衡和生长演替,可以大大减少后续的养护管理投入。前提条件是:新建绿地必须大力搞好土壤改良,保证有一个能满足植物生长需要的肥沃、安全的土壤层。

开放绿地是人们休憩、玩赏的公共场所,绿地土壤是城市生态环境的重要屏障,绿地土壤退化甚至污染,不仅影响植物生长,还会给人类健康带来隐患。所以,要把绿地土壤质量提高到环境安全的高度来认识。国外的绿地建设中,土壤费占总投入的50%。在过去长期的绿地建设投资中,仅在须外进土方时,才列入以运输费为主的土方费,除特殊地域(如盐渍土区)绿化外,土壤改良费往往忽略不计,以致造成一些绿化植物早衰,绿地难持续发展,最后不得不进行绿地"改造"甚至重建。近年这类情况虽有改观,但尚未从根本上扭转,土壤资源费和土壤改良费仍未到位。要真正做到绿化的可持续发展,应该正本清源,牢固树立"土壤改良是提高绿化质量的基础,肥沃的土壤是绿化可持续发展的保障"的理念。

4.整地　按设计要求造地形。种植土回填深度超过50厘米时,下层土壤应分层回填夯实,防止不均匀沉降。在种植土到位完成初步造型后,让整个地形自然下降,同时进行土层消毒,应用高效低毒低残留农药,防止病虫害与杂草再生,清除表层土的垃圾、石块和杂草。最后进行细部平整,耙平耙细土壤,追施基肥。要求地形做到与标高相符,土层稳定,竖向曲线层次清晰,过度圆滑优美,平滑完整。

整地的深度及地貌的调整,应根据设计图纸和各类植物对土壤条件的适应性而定。一般一、二年生草本花卉,耕深20~30厘米;球、宿根花卉耕深30~40厘米,花灌木及乔木,按其植物生物学特性及技术要求,挖坑或抽槽;通常小灌木挖坑30厘米×30厘米、大灌木40厘米×50厘米、浅根乔木60厘米×70厘米、深根乔木100厘米×120厘米。

绿化地的整理不只是简单的清掉垃圾,拔掉杂草,该作业的重要性在于为树木等植物提供良好的生长条件,保证根部能够充分伸长,维持活力,吸收养料和水分。因此,在施工中不得使用重型机械碾压地面。绿化地的整理要特别注意以下5个方面。

(1)确保根域层有利于根系的伸长平衡　一般来说,草坪、地被植物根域层生存的最低厚度为15厘米,小灌木为30厘米,大灌木为45厘米,浅根性乔木为60厘米,深根性乔木为90厘米;而植物培育的最低厚度在生存最低厚度基础上草坪地被、灌木各增加15厘米,浅根性乔木增加30厘米,深根性乔木增加60厘米。

(2)确保适当的土壤硬度 土壤硬度适当可以保证根系充分伸长和维持良好的通气性和透水性,避免土壤板结。

(3)确保排水性和透水性 填方整地时要确保团粒结构良好,必要时可设置暗渠等排水设施。

(4)确保适当的 pH 值 为了保证花草树木的良好生长,土壤pH 值最好控制在 5.5～7.0 范围内或根据所栽植物对酸碱度的喜好而做调整。

(5)确保养分 适宜植物生长的最佳土壤是矿物质 45%、有机质 5%、空气 20%、水 30%。

绿化种植是否能成功,在很大程度上取决于当地的小气候、土壤、排水、光照、灌溉等生态因子。种植前的整地是绿化成败的关键之一。土壤是植物最基本的生活环境,良好的苗木必须有适合其生长的立地条件。绿化施工的整地,其目的是为改善种植地的物理性质,创造植物生长的良好土壤环境,使土壤疏松,改善土壤通透性,加速土壤中有机物的分解,提高土壤肥力和保水抗旱能力,相应减少病虫害的侵袭。

(四)施工放样

园林绿化种植的施工放样是把图纸上的设计方案,在现场测出苗木栽植的位置和株行距,通过准确的施工放线来体现设计意图,达到绿化工程所要求的效果。施工放线是保证种植工程栽植位置准确无误,符合设计要求而进行的具体操作工序。

1. 施工放样的重要性 园林工程的内容通过施工来表达,施工的技巧很大程度上受放样的制约,可以说放样是整个工程中的重中之重。放样要把作品的意境融入实体,如果只是单纯的照搬照抄,那么就体现不出设计师追求的意念,作品只有形而没有神。所以做一个施工放样人员,首先要理解、把握准设计作品表达的内涵,然后才能准确表达出设计意图。

2. 准备工作 准备工作和组织工作应做到周全细致,否则因为场地过大或施工地点分散,容易造成窝工甚至返工。

(1)了解设计意图 全面而详细的技术交底是严格按照设计要求进行施工放线的必要条件。一个设计图纸交到施工人员手里,应同时进行技术交底,设计人员应向施工人员详细介绍设计意图,以及施工中应特别注意的问题,使施工人员在施工放线前对整个绿化设计有一个全面的了解。

(2)勘察现场,确定施工放线的总体区域 施工放样同地形测量一样,必须遵循"由整体到局部,先控制后局部"的原则,首先建立施工范围内的控制测量网,放线前要进行现场勘察,清理场地,并了解放线区域的地形,考察设计图纸与现场的差异,在施工工地范围内,凡有碍工程开展或影响工程稳定的地面物或地下物都应该清除,最后确定放线方法。

3. 准点、控制点的确定 要把种植点放得准确,首先要选择好定点放线的依据,确定好基准点或基准线、特征线,同时要了解测定标高的依据。如果需要把某些地物点作为控制点时,应检查这些点在图纸上的位置与实际位置是否相符,如果不相符,应对图纸位置进行修整,如果不具备这些条件,则须和设计单位研究,确定一些固定的地上物,作为定点放线的依据。测定的控制点应立木桩作为标记。

4. 施工放线的方法 施工放线的方法多种多样,可根据具体情况灵活采用。此外,放线时要考虑先后顺序,以免人为踩坏已放的线。现介绍几种常用的放线方法。

(1)规则式绿地、连续或重复图案绿地的放线 图案简单的规则式绿地,根据设计图纸直接用皮尺量好实际距离,并用灰线做出明显标记即可;图案整齐线条规则的小块模纹绿地,其要求图案线条要准确无误,故放线时要求极为严格,可用较粗的铁丝、铅丝按设计图案的式样编好图案轮廓模型,图案较大时可分为几节组装,检查无误后,在绿地上轻轻压出清楚的线条痕迹轮廓;有些绿地的图案是连续和重复布置的,为保证图案的准确性、连续性,可用较厚的纸板或围帐布、大帆布等(不用时可卷起来便于携带运输),按设计图剪好图案模型,线条处留5厘米左右宽度,便于撒灰线,放完一段再放一段这样可以连续地撒放出来。

(2)图案复杂的模纹图案的放线 对于地形较为开阔平坦、视线良好的大面积绿地,很多设计为图案复杂的模纹图案,由于面积较大一般设计图上已画好方格线,按照比例放大到地面上即可;图案关键点应用木桩标记,同时模纹线要用铁锹、木棍划出线痕然后再撒上灰线,因面积较大,放线一般需较长时间,因此放线时最好订好木桩或划出痕迹,撒灰踏实,以防突如其来的雨水将辛辛苦苦划的线冲刷掉。

(3)自然式配置的乔灌木放线法 自然式树木种植方式,不外乎有两种:一种为单株的孤植树,多在设计图案上有单株的位置;另有一种是群植,图上只标出范围而未确定株位的株丛、片林,其定点放线方法一般为直角坐标放线法和仪器测放法。

①直角坐标放线法 这种方法适合于基线与辅线是直角关系的场地,在设计图上按一定比例画出方格,现场与之对应划出方格网,在图上量出某方格的纵横坐标、尺寸,再按此位置用皮尺量在现场相对应的方格内。

②仪器测放法 这种方法适用于范围较大、测量基点准确的绿地,可以利用经纬仪或平板仪放线。当主要种植区的内角不是直角时,可以利用经纬仪进行此种植区边界的放线,用经纬仪放线需用皮尺、钢尺或测绳进行距离丈量。平板仪放线也叫图解法放线,但必须注意在放线时随时检查图板的方向,以免图板的方向发生变化出现误差过大。

5. 种植放样中的常见问题

(1)种植地块走样 造成这种情况的主要原因是施工图理解不够。特别是在一些自然式种植时,常常做成"排大蒜式"、"列兵式",给种植效果打了很大的折扣。对于一些景点及景观带的放样,应根据树形及造景需要,确定每棵树的具体位置。

（2）**苗木数量配置不当**　这主要是受了施工图的约束。有时临时改变了苗木的规格，或者立地体量发生了变化，应该现场及时调整，而不能单纯堆砌，做成苗圃式、森林式地块。

（3）**在一些模纹花坛中，缺少灵活性、机动性**　尤其是在组合花坛中，缺乏整体感受，如在一个以色块为主的道路花坛施工项目中，单个花坛长 21 米，图案长度 10 米，此时若按图施工，则出现一个 1 米的空当，再放一个图案不协调，不放又造成整个花坛缺乏连续性。这时，放样就可对每个图案加长 50 厘米，既保持了单个花坛的整体性，又保证了整组花坛的连续性。

（五）乔灌市的栽植

乔灌木的栽植，其成活难易有很大差别，这是因不同树种和生态适应性决定的。要获得好的成活率，在苗木栽植前必须了解其生态适应性，按照其要求来决定起苗、包装、运输、假植、栽植等各项技术措施。

1. 起苗　起苗是种树的第一步，起苗时应尽可能挖得深一些，注意保护根系少受损伤。起苗的季节，原则上在苗木休眠期，一般在春季苗木萌芽前进行，南方地区也可在秋后或梅雨季节进行。因雨天操作时带土球困难，起苗时应选择无雨天进行。起苗的方法分裸根起苗和带土球起苗两种。

（1）裸根起苗　大多数落叶树和容易成活的针叶树小苗、落叶灌木，在休眠期均可采用裸根起苗。起苗时，视苗木根系大小、深浅，沿苗木栽植行一侧，先挖一沟槽，再在沟槽壁下侧挖出斜槽。根据根系的深度，先切断主根，再切断侧根，尽量保留须根，即可取出苗木。这样挖掘的根系比较完整，须根多，并随根带少量原土，便于成活，节省人力和包装材料。但小须根容易受到损伤，运输时注意保护根系，在必要时，用稻草等材料对裸根进行包扎。

（2）带土球起苗　一般针叶树和多数常绿阔叶树及少数落叶树，因其根系不发达或须根较少，发根能力弱，采用带土球方法起苗。按树木直径的比例确定土球的大小。起苗前先拢冠,即用草绳将树冠束起,将枝叶捆好,对少数珍稀大苗,还应把根颈以上的主干用草绳或稻草包扎,以免树干受到损伤。起苗时先按规定土球圈径,将地表土取出,然后沿圈壁外围垂直下挖,挖到规定深度时,朝内斜挖,斩断主根后,将土球底部削成圆弧状,形成扁圆形即可取出土球包装。如圃地土壤疏松,为防止土球破裂,挖掘至一半深度时,需用草绳将土球的上半部紧密围裹,再往下挖。接近球底时,用锹将土球向中心逐渐削小,继续围草绳,然后用"五角星"形打包收底,切断主根,取出土球。

2. 苗木包装 传统的包装方法多以铜钱式或五角星式捆扎。为增强包装材料的韧性和拉力,打包之前可将草绳等用水浸湿。土球直径在 30～50 厘米以上的,当土球取出后,应立即用草绳或其他包装材料进行捆扎。捆扎的方法和草绳的围捆密度,视土球大小和运输距离而定。土球大、运输距离远的,捆包时应捆密一些,扎牢固。土球直径在 30～40 厘米以下的,也可用蒲包或稻草捆扎。土球直径达 1 米以上的,还应以韧性及拉力强的棕绳打上外腰箍,以保证土球完好。

3. 苗木运输 树苗挖好后,要遵循"随挖、随运、随种"的原则,苗木装运时,先按所需树种、规格、质量、数量进行认真核对,发现问题及时解决。

裸根苗长距离运输(运输时间 1 天以上)时,苗木根向前,树梢向后,按顺序码放整齐;在后车厢板处垫上湿润草包或蒲包,以免磨伤树干;用绳索将树干捆牢,用蒲包或成把稻草垫在绳索和树干之间,以免勒伤树皮。裸根苗木根部可用聚乙烯袋将根部套住,防止苗根失水干燥,影响成活率和苗根再生能力。带土球苗,土球小的可直立码放;土球大的必须斜放,土球向前,树干朝后,土球要垫牢固、挤严、放稳。

裸根苗短距离运输时只需在根与根之间加些湿润物,如湿稻草、麦秸等,树梢及树干相应加以保护即可。带土球苗,同长距离运输一样装车即可。

苗木运到目的地卸车时,裸根苗要按顺序卸下,不可乱抽。带土球苗,不得提拉树干,应用双手将土球抱住拿下。大土球用吊车下苗,先将土球托好,轻吊轻放,保持土球完好率。

4. 苗木假植　将苗木的根系用潮湿的土壤进行暂时的埋植处理,称为"假植"。假植的目的主要是对卸车后不能马上定植的苗木进行保护,防止苗木根系脱水,以保证其苗木栽植后能成活。假植有临时假植和越冬假植,绿化用苗均为临时假植。

假植场地要挑选交通便利、避风的疏松圃地开假植沟。裸根苗的苗根向北,枝梢朝南成45°角倾斜排列,每排单株相接。堆土的厚度,一般应覆盖全部苗根,再培土2～3厘米厚为宜;侧根坚硬的树苗或根盘扩张的大苗,可以直立假植。假植后立即浇水,保其树根湿润。带土球苗木,应排列整齐,树冠靠紧,直立假植沟中。覆土厚度以掩没土球为度,覆土后浇水。假植时,苗木按用苗先后顺序依次排列,便于起用。

苗木假植完后,要标明树种、等级、数量,以便提取栽植苗木和统计数据。在风沙危害较重的地方,还应在迎风面设置防风障。

5. 挖穴　挖穴的质量对栽植树木的成活和生长起着至关重要的作用。种植穴、槽的规格,根据植物根系的深浅、土球的大小、土壤质地情况来确定,尤其是土质较差的种植穴一定要挖深些,然后进行施基肥和客土,以创造有利于植物生长的小环境。带土球种植穴的直径应比土球直径大30～40厘米,穴的深度一般比球高度稍深20～30厘米,栽植裸根苗木应保持根系的充分舒展,种植穴、槽开挖一般在运取苗木前1～2天进行。种植穴、槽的开挖操作,以定点标记为圆心,按所规定的种植穴半径尺寸,在地上划一圈线。先把圈内地表土揭掉,放在一处,挖出种植穴直径范围的准确位置,然后沿圈线壁周向下挖掘到规定深度,地表土和地下土分别堆放。穴底要挖平、挖松。种植穴必须保证上下口径一致,避免出现上大下小的"锅底坑"。

挖穴时若发现电缆、管道、地下障碍物,应马上停止开挖。与设计人员及施工有关部门协商,在不影响定植效果的前提下,适当改动栽植位置和具体的栽植方法等。绿篱及花篱栽植,挖成沟槽进行种植。

6. 栽植 栽植树木最好选择在无雨天,栽植前应先将苗木进行清理分类及栽前修剪。剪去枯枝、病虫枝、交叉枝以及伤根。对过长的侧根,也应进行回缩处理。

行道树和绿篱栽植前须按苗木大小、高矮顺序配置,保持苗木定植后整齐,大小趋于一致;特别是行道树,相邻同种苗木的高度相差不得大于 50 厘米,干径相差不得大于 1 厘米为宜。按设计树种定点位置,做到对号入座,常绿树应将树形最好的一面朝向主要观赏面。对再生能力弱、树皮薄、干外露的孤植树,最好按原生长面定植,避免日灼,提高成活率。苗木配置完后,应按设计图纸进行核对,以免有误。

裸根苗的栽植,二人一组。一人扶树,一人填土,先将表土填入穴底,填至一半时,轻轻提苗,使苗根自然向下舒展,将土踩实。穴填满后,再踩实一次,最后盖上一层松土,与根颈土痕相平即可。带土球苗的栽植,先量好已挖种植穴的深度、宽度是否与土球一致。一般种植穴的直径应比土球大 30~40 厘米,深度应比土球的高度深 20~30 厘米,穴的大小、上下要一致,切忌锅底形。若不符规格要求,对种植穴应适当填、挖调整,再放苗入穴。放土球时,先在土球四周下部垫少量表土,将土球固定,使树体直立,然后剪开包装材料,将其取出,填入表土,填至一半时,用粗木棍将土球四周夯实,不得砸坏土球,填满后,再夯实,然后做好灌水堰。

大规格苗木为防灌水后被风吹倒,应立支柱。支柱方式有单柱直立、单柱斜立、三角支架等。支柱可在种植苗木时埋入,也可栽后打入。树干和支柱接触部位应用草垫或其他保护材料隔开,以防磨伤树皮。单柱直立,支柱立于上风向;单柱斜立,支柱立于下风向。用较小的苗做绿篱时,还应立栅栏加以保护。各种固定物、支柱应整齐美观。

灌水:苗木定植后,应马上灌水,新植苗木的浇灌应以天然水为佳。水一定要浇透,以利根系与土壤密接,确保成活。过2天后浇第二次水,并修整围堰;第三遍水浇过以后,可将围堰填成稍高于原地面的土堆,利于护根、防风、保墒。

树木栽好后,应清理现场,做到文明施工、整洁美观,并派专人管理,防止人为破坏。对栽植时的受伤枝条和栽前修剪不理想的枝条,应进行复剪。

非栽植季节树木的栽植。树木的最佳移植时期一般是从休眠期到春天萌芽前。华北地区落叶树为3月下旬至4月上旬,或10月下旬至11月下旬。常绿树为3月上旬至4月下旬,或10月下旬至11月下旬,雨季也可栽植,应在进入头伏后,阴雨天进行。在实际施工过程中,往往由于工期限制或其他特殊要求,非栽植季节植树的情况时有发生。为了保证树木成活,要采取适当的技术措施。落叶树反季节栽植则需带土球,土球直径为胸径的6～10倍不等,除带土球外,浇水次数要较正常栽植增多,枝叶视品种进行不同程度的短截。通过喷洒发芽抑制剂和蒸发抑制剂,抑制发芽,减少叶面水分蒸发。灌水时可混入发根促进剂,促进发根,而超过壮年的老树、贵重的大树或生长不太好的树,如果时间允许最好做断根处里。最理想的是第一年春季断根,第二年春季、第三年春季移植。断根后减少枝叶数量,增加断根处须根数量,促进成活,移植时间在阴天或遮光条件下有利于成活。

(六)大树移植

大树是指胸径达15～20厘米甚至30厘米,处于生长发育旺盛期的乔木或灌木,要带球根移植,球根具有一定的规格和重量,常需要专门的机具进行操作。

大树移植能在最短的时间内创造出园林设计师所要达到的理想景观。在选择树木的规格及树体大小时,应与建筑物的体量或所留有空间的大小相协调。

1. 大树移植的时间 通常最适合大树移植的时间是春季、雨季和秋季。在炎热的夏季,不宜于大规模的进行大树移植。若由于特殊工程需要少量移植大树时,要对树木采取适当疏枝和搭盖荫棚等办法以利于大树成活。大树移植前,应先挖种植穴,种植穴要排水良好,对于贵重的树木或缺乏须根树木的移植准备工作,可采用围根法,即于移栽前 2～3 年开始,预先在准备移栽的树木四周挖一沟,以刺激其长出密集的须根,创造移栽条件。

2. 大树移植的包装及移植方法 大树土球的包装及移植方法常用软材料包装移植、木箱包装移植、冻土移植以及移植机移植等。移植机是近年来引进和发展的新型机械,可以事先在栽植地点刨好植树坑,然后将坑土带到起树地点,以便起树后回填空坑。大树起出后,又可用移植机将大树运到栽植地点进行栽植。这样做节省劳力,大大提高了工作效率。大树起出后,运输最好在傍晚,在移植大树时要事先准备好回填土,栽植时,要特别注意位置准确,标高合适。

3. 大树移植后的管理 施工过程中及完成后的养护管理对植物的成活及长势尤其重要。大树移植后的管理主要如下。

(1) 加强树体的保护 一是设支撑架。新植大树后,应立即设支撑架固定,以正三角形桩最为稳固,上支撑点应在树高的 2/3 处为宜,并加保护层,以防擦伤树皮。二是合理施肥。新移植大树可采取叶面喷肥的办法,选择早晨、晚上或阴天进行,施低浓度速效肥,每半个月进行 1 次。三是防治病虫害。新植大树抗病虫害能力差,要根据当地病虫害的发生情况对症处理,消除隐患。四是防日灼和防寒。夏季气温高、光照强,大树移栽后应喷水雾降温,必要时应搭遮阳棚,一般遮阳度以 60%～70% 为宜,以后视树木生长状况和季节变化,逐步去掉遮阳棚。冬季气温偏低,可采用草绳绕干、设置风障等方法防寒。

（2）做好树干保湿 一是及时遮阳。大树移植初期，搭遮阳棚可降低周围温度，并减少水分的蒸发。二是给大树喷水。树木地上部分，尤其是叶片，因蒸腾作用会散失大量水分，必须喷水保湿。三是包裹树干。用草绳、草袋等物严密包裹树木的主干和较大分枝，让包裹处有一定的保温和保湿性，可避免阳光直射和干风的吹袭。

（3）促进早发新根 一是控制水量。新植大树，因根系损伤而使吸水能力减弱，对土壤保持湿润即可，水量过大反而不利于大树根系的生根，还会影响到土壤的透气性，不利根系呼吸，严重的还会发生沤根现象。二是提高土壤的通气性，在及时中耕防止土壤板结的同时，要在移植大树附近设置通气孔，并注意检查，及时清除堵塞，保持良好的土壤通气性，有利于根系的萌发。三是保护树木萌发的新芽。新芽萌发是大树进行生理活动的标志。枝干部分萌发的新芽，能有效地刺激地下部分的生根。

第六章
园林植物造型与养护管理

园林植物是园林建设的基础,而绿化植物养护管理工作是园林植物成活并发挥功能的保证。俗话说"三分种七分管",护绿的意义不亚于种绿,植物配置设计高标准,如果施工养护低水平,不仅浪费,甚至前功尽弃。在园林植物养护管理上,要了解种植类型和各种植物的特征与特性,关键要抓好肥、水、病、虫、剪 5 个方面的养护管理工作。

一、园林植物的整形修剪

修剪是指对植株的某些器官,如茎、枝、叶、花、果、芽、根等部分进行剪截的措施。整形是指对植株实行一定的修剪措施而形成某种树体结构形态。常用的整形方法有短剪、疏剪、缩剪,用以处理主干或枝条;在造型过程中也常用曲、盘、拉、吊、扎、压等办法限制生长,改变树形,培植出各种姿态优美的树木、花草和盆景。

整形修剪是园林植物综合管理过程中不可缺少的一项重要技术措施。在园林上,整形修剪广泛地用于树木、花草的培植以及盆景的艺术造型和养护。整形修剪能促进乔灌木的生长,利于观赏,预防和减少病虫害,对提高绿化效果和观赏价值起着十分重要的作用。

（一）整形修剪的作用

对园林植物进行正确的整形修剪工作，是一项很重要的经常性养护管理工作。它可以调节植物的生长与发育，创造和保持优美合理的植株形态，构成有一定特色的园林景观。整形修剪的作用主要表现在以下几方面：

第一，通过整形修剪促进和抑制园林植物的生长发育，改变植株形态。

第二，利用整形修剪调整树体结构，促进枝干布局合理，树形美观。

第三，整形修剪可以调节养分和水分的输送，平衡树势，改变营养生长与生殖生长之间的关系，调控开花结果，也可避免花、果过多而造成的大小年现象。在花卉栽培上常采用多次摘心办法，促进侧枝生长，增加开花数量；移栽时合理修剪能提高成活率。

第四，经整形修剪，除去枯枝、病虫枝、密生枝，改善树冠通风透光条件，促进植物生长健壮，减少病虫害，保持树冠外形美观，增强绿化效果。

第五，树木进入衰老期后，适度的修剪可刺激枝干皮层内的隐芽萌发，诱发形成健壮新枝，达到恢复树势、更新复壮的目的。

第六，在城市街道绿化中，由于地上、地下的电缆和管道关系，通常须采取修剪、整形措施来解决其与植物之间的矛盾。

（二）整形修剪的原则

整形修剪的原则是：植株个体的大小、形态必须符合绿地整体景观和生态的要求；少进行人为修饰，多采取树体清洁、树冠修整等技术措施，充分体现园林植物的自然形态；进行修剪整形等养护作业时，应按照具体植物在绿地中的功能、景观和空间作用区别进行。

1. 根据树种习性整形修剪　园林树木千差万别，种类不仅十分丰富,而且每个树种还在栽培过程中形成了许多品种,由于它们的习性各不相同,故在整形修剪中也要有所区别。如果要培养明显中心干树形时,由于不同树种分枝习性不同,其修剪方法不同,大多数针叶树为主轴分枝习性,中心主枝优势较强,整形时主要控制中心主枝上端竞争枝的发生,短截强壮侧枝,保证主轴顶端优势,不使形成双权树形。大多数阔叶树则为合轴分枝习性,因顶端优势较弱,在修剪时,应当短截中心主枝顶端,培养剪口壮芽重新形成优势,代替原中心主枝向上生长,以此逐段合成中心干而形成高大树冠。整形修剪要充分考虑树木的发枝能力、分枝特性、开花习性等因素。

2. 根据景观配置功能要求和立地条件整形修剪 修剪时不仅要分析植物的个体特征,还要考虑到该植物与周边环境的关系,修剪前应分析不同栽植形式的审美取向,不同的景观配置要求有相应的整形修剪方式,不要笼统地采用同一修剪模式。如孤植树应注重保留其天然树形,并注重突出树形特征,修剪原则以诱导为主,为促进尽早成形稍加修整,修剪量不宜太大。丛植树更注重对周围环境的点缀作用,首先要根据其点缀对象和背景来控制整体造型的高度、体积及形状,丛植树中个体树种的树形特性就不再是修剪时考虑的重点。片植的树木,除边际树木外,修剪主要服从于促进生长的需要,主要修剪枯死枝、病虫枝、过密枝、纤弱枝、内膛枝等,以利于通风透光。而建筑物附近的绿化,其功能则是利用自然开展的树冠姿态,丰富建筑物的立面构图,改变它单一规整的直线条。因此,整形修剪只能顺应自然姿态,对不合要求、扰乱树形的枝条进行适度短截或疏枝。而有的树种以观花为主,为了增加花量必须使树冠通风透光,因此整形要从幼苗期开始,把树冠培养成开心形或主干疏层形等,有利于增加内膛光照,促使内膛多分化花芽而多开花。行道树既要求树干通直,还要树冠丰满美观,在苗期培养时,采用适当的修剪方法,培养好树干。有的树种为衬托景区中主要树种的高大挺拔,必须采用强度修剪,进行矮化栽培。整形修剪还要依立地条件进行,通过修剪来调控其与立地条件相适应的形状与体量,同一树种,配置的立地环境不同,应采取不同的整形修剪方式。

3. 根据树龄整形修剪　幼树以整形为主,对各主枝要轻剪,以求扩大树冠,迅速成形。成年树以平衡树势为主,要掌握壮枝轻剪,缓和树势;弱枝重剪,增强树势的原则。衰老树要复壮更新,通常要加以重剪,以使保留芽得到更多的营养而萌发壮枝。

4. 根据修剪反应规律整形修剪　同一树种由于枝条不同,枝条生长位置、姿态、长势各不相同,短截、疏剪程度不同,反应也不同。如萌芽前修剪时,对枝条进行适度短截,往往促发强枝,若轻剪,则不易发强枝;若萌芽后短截则促多萌芽。所以,修剪时必须顺应其规律,给予相适应的修剪措施以达到修剪的目的。

5. 根据树势强弱决定整形修剪强度　树木的长势不同,对修剪的反应不同。生长旺盛的树木,修剪宜轻。如果修剪过重,势必造成枝条旺长,树冠密闭,不利通风透光,内膛枯死枝过多,不仅影响美观,而且对于观花果的园林树木,将不利于开花结果。对于衰老树,则宜适当重剪,逐步恢复树势。所以,一定要因形设计,因树修剪,方能有效。

（三）整形修剪的时期

对树木的整形修剪工作,随时都可进行,绝大多数树木以冬季、夏季整形最佳。具体应视各地区气候而异,一般从晚秋至翌年早春,即在树液流动前的休眠期均可进行修剪,而以树木落叶后1～2周到发芽前的1～2周之间的这段时间修剪最适宜。抗寒力差的树种如鹅掌楸、杜仲等最好在早春修剪,避免伤口受冻害;有伤流的树种,如葡萄、悬铃木、猕猴桃、复叶槭等应避开伤流期,不可修剪过晚,宜在1月底以前结束修剪。

1. 休眠期的修剪(冬季修剪)　落叶树从落叶开始至春季前修剪,称为休眠期修剪,或者冬季修剪。

休眠期的修剪：因这段时间内树木生长停滞,体内养分大部分回归根部,修剪后营养损失小;而且修剪后伤口不易被细菌感染腐烂,对树木的影响较小,一般绝大部分的修剪工作都安排在此阶段进行。因为从 11 月至翌年的 3 月这段时间里,生长速度明显减慢,部分树木仍然处于半休眠状态,此期间也是最佳修剪期。

冬剪不宜对春季开花植物进行短截或较多疏剪,如果不注意就会造成这些植物春季无花或花枝太少,如丁香、连翘、海棠等灌木的修剪。冬剪不宜让剪口离培养芽太近,否则培养芽易被风抽干或受冻害,影响翌年抽枝质量,如月季的修剪。冬剪不宜过多短截,冬剪应以疏剪为主,尤其是一些发芽力与成枝力弱的树种尽量不采用冬季短截修剪法,以防止枝条枯死、树势空洞,如西府海棠、玉兰、鹅掌楸等树种的修剪。冬剪不宜对一些发芽力与成枝力非常强的树种轻剪,对这些树种要重剪,必要时还可以抹头或重短截,如国槐、柳树、法桐等,否则翌年枝条过密,既影响观赏效果,又不利于通风透光。

2. 生长期的修剪(夏季修剪) 生长期进行修剪:因常绿树没有明显的休眠期,一般在春夏季进行修剪。一年内多次抽梢的植物,花后要及时剪去花梗,促使抽发新芽、新枝、花开不断、延长观赏期,如月季、草本花卉,为了使株形饱满,抽的花枝多,要进行摘心;如菊花进行适时抹芽、疏蕾,达到抑强扶弱的目的,必须在生长期进行;观叶、观姿态的树木,随时发现拔乱树形的枝条,要随时修剪去掉。

由于冬季寒冷,修剪后的伤口也长期不能愈合,易形成干疤。因此,应加强生长期整形修剪。这样工作方便易行,剪口和锯口的愈伤组织形成快,同时也能经常地维持树冠的完美,还能减少冬季修剪的工作量。其次在整形修剪中,应注意剪口和锯口的平整,锯口不应出现撕裂,这有利于伤口愈合和增进树体美观。

3. 修剪时间 修剪时间因树种不同而有差别。

（1）**落叶树**　落叶类树木一年四季均可修剪，如在夏季树木生长期，可随时剪除病枝、枯枝和细弱枝，剪除或剪短徒长枝。落叶类树木的强剪或细剪，应在落叶后的休眠期进行，因树木落叶后视线清晰。

（2）**常绿树**　对常绿树应尽量避免采取强修剪，尤其是在漫长的冬季，常绿树强修剪后会因长期不发新芽而引起枯枝。如果必须要对常绿树进行强修剪，应尽可能等到临近萌芽期的春天进行。另外，因树种和地方气候的原因，常绿树在冬季修剪会因叶片减少而受冻害，而落叶树的修剪则不存在这种现象。

（3）**花灌木**　花灌木冬季修剪须考虑对其开花、结果的影响，修剪时应根据花灌木的不同种类，采用不同的修剪方法。

第一，修剪时未见花芽的树种。这一类花灌木如果在冬季进行强修剪，势必会把花芽剪掉，其后果则是到了花期而见不到花。因此，对这一类花灌木只需把影响树冠整齐的枝剪除即可。属于这一类的树种有：冬青属的铁冬青及枸骨等，杜鹃属的常绿杜鹃和杜鹃等，吊钟花属、木兰属的广玉兰及木兰等，桃叶珊瑚、八仙花、荚蒾属的红蕾荚蒾、红千层属的金宝树等，瑞香、多花棣木及山茱萸等花灌木。

第二，仅需轻剪的树种。这类花灌木在冬季只要轻剪即可。这种轻度修剪不会造成花芽损失，修剪仅是为了整形而已，若采取强修剪就会损失花芽。属于此类的树种主要有金缕梅、蜡梅、紫荆等。金缕梅与蜡梅的花芽和叶芽不着生在同一节位上，修剪时剪口应在叶芽的上方，修剪不当容易引起枯枝的情况。

第三，可以放心修剪的树种。这类花灌木较为粗放，无论从哪里剪都不会损伤花芽，即使修剪时已形成了花芽，修剪也只可能造成花期推迟，不会不开花。属于此类的树种有：桂花类（只需轻剪）、西番莲、大花六道木、凌霄、鸡冠刺桐、月季、石榴、落霜红、野茉莉、紫薇、木槿、木芙蓉等。

观花类树木的花芽多数在当年生的枝条上形成，修剪应在花

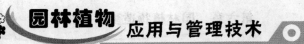

落后进行,如梅花、连翘、迎春花,可在花残败后,对枝条进行 1 次修剪,一般枝条留 2～3 个芽,需要伸长的枝条可适当多留几个芽。修剪可促进新芽生长,有利翌年开花。

(4)观果类 观果类树木的修剪要因树而异,如石榴是在结果母枝长出的新枝上开花结果,一个新枝一般开 1～5 朵花,其中 1 朵在新枝顶端,其余在腋生小枝上,枝条顶端的花最易坐果,因此,在石榴开花坐果前,不能将当年生的新枝梢去掉。

(5)松柏类 松柏类树木的修剪,宜在每年 3～5 月进行。对松树类树木,主要是以摘芽控制其生长,以保持树形。当新芽伸长、针叶还没有放开时,可根据造型的需要把新芽剪除一部分,对影响造型的多余枝条,可在伤流期前将其剪除或剪短。

(6)萌发力强的植物 一些萌发力强的树种,每年要修剪 4～5 次方可保持树形。生长缓慢的松柏类树木每年修剪 1 次即可。

(四)修剪的方法

对园林植物特别是行道树的修剪整形要因树而异,遵循"幼树轻剪、老树重剪、强树轻剪,弱树重剪"的基本方法,合理利用疏枝和短截两种主要修剪方法,既要通过短截来促进新枝生长,迅速扩大树冠,又要通过疏枝来改善通风透光条件,提高枝条的充实度和避开各类架空电线等。各种修剪的方法,归纳起来是截、疏、伤、变、放等五大特点,根据五大特点,修剪时灵活采用。

1. 截 称为短剪,根据造型需要,将一年生长的枝条剪去一部分,保留基部枝段的修剪方法。刺激剪口下的侧芽萌发、抽梢、增加枝条数量多发芽、多开花,一般剪得程度越重,对单株的刺激越大。这种方法主要是通过修剪来控制树木各大枝条的长短,强枝要轻剪,弱枝要重剪,以达到调节营养生长的目的。短截依程度不同而分为轻短截、中短截和重短截。轻短截即轻剪枝条的顶梢,主要用于花、果类树木强壮枝的修剪;中短截即在枝条中上部饱满芽上方进行短截,主要用于局部弱枝的复壮;重短截,即在枝条中下部饱满芽上部进行短截,主要用于老弱枝、老树的复壮,也可用于木槿、紫叶李、紫薇的修剪。剪口应成斜面,并平整光滑。剪口距芽的位置应在芽上1~1.2厘米处。

短剪也是造型和维护树形的重要措施,它能使较高的树木变矮,保持树木较低矮的形态,让枝干相对较粗,从而使树木更显苍劲雄奇。对自然生长的庭荫树而言,适当疏去冗枝等轻度修剪可促进树木的生长。对衰老树而言,重度修剪能使其更新复壮,树形更加均衡美观。

2. 疏　称疏剪或疏删,就是将枝条从分枝基部剪去,剪口应与着生枝平齐,是减少枝条数量的修剪方法。疏剪使枝条分布趋向合理、匀称,从而改善通风透光条件。疏剪常与短截结合进行,改善因短截修剪造成的枝条密生状况。疏剪多年的枝条,对树木有较大的损伤,不宜一次剪去,要分期逐年进行,如轮生枝、簇生枝。疏剪工作贯穿全年,疏剪前要很好观察,尤其是初学者,切不可轻易下剪。若疏剪不当,后果就难以弥补。疏剪时,除剪除病虫害严重的枝条外,下列枝条也应剪除:

(1)**平行枝**　即上下距离相近而向同一方向平行生长的枝条,根据造型需要,可保留1枝,剪除1枝。

(2)**叠生枝**　即从树干上同一部位重叠生长的枝条,如长出2根枝条,应剪掉1根。

(3)**反向枝**　即主枝上长出的反向枝条,在一般情况下应予剪掉。

(4)**对生枝**　即在树干或主枝同一高度上左右对称长出的2根枝条,应剪除1根。在同一枝干上有2根以上对生枝如需剪除时,应先左、后右、再左、再右,以此类推交叉剪除,不可只剪一边。

(5)**直立枝**　即在主干上生长的直立向上的枝条,应从枝条的基部剪除。

(6)**轮生枝**　即在树干或主枝同一部位朝不同方向呈辐射状生长的枝条,一般在3枝以上的称轮生枝。根据造型的需要,轮生枝一般留长、短各 1 枝,或只留 1 枝,应相间先疏去部分枝条,待伤口痊愈后,再疏去其余枝条。

(7)丫杈枝 即由主枝分为两股的"丫"状枝,应剪除 1 枝。

(8)交叉枝 即两枝相交叉,应剪除 1 枝。

(9)下垂枝 即在主枝上向下垂直生长的枝条,应从基部剪除。

(10)徒长枝 即长势强壮、节间较长的枝条,应剪短或疏剪。

3. 伤 用各种方法破伤枝条,以达到缓和树势、削弱受伤枝条的生长势的目的称为伤,包括环割、划伤、刻伤等方法。这种方法在一段时间内,可阻止枝条碳水化合物的向下输送,让养分滞留在伤口芽附近,对于一些名贵的花卉,可使花果更加硕大,适当延长花期,达到增加观赏的时间与效果的作用。

4. 变 改变枝条生长方向,控制枝条生长势的方法称为变。如曲枝、拉枝、抬枝等,改变枝条的生长方向和角度,使顶端优势转位、加强或削弱,将直立枝条的背上枝向下曲成拱形时,顶端优势弱、枝条生长缓慢,为了使枝势转旺,抬高枝条,使枝顶向上。

5. 放 利用单枝生长势逐年减弱的特性,对部分生长势中等枝条放长不剪,保留大量的枝叶,利于营养物质的积累,能促进花芽形成,使旺枝或幼旺树提前开花、结实。

以上的几种修剪方法,要根据树龄、树势、修剪的目的灵活运用,它们既有各自的作用,又能在综合运用时相互影响。修剪的作用需要在加强肥水管理的基础上有效地表现出来,达到最佳的修剪目的。

修剪时应特别注意剪口与新芽的关系,斜切面与芽的方向相反,其上端与芽端相齐,下端与芽腰相齐。在修剪时要做到准、稳、快,避免造成枝条劈裂。截除粗大的侧生枝干时,应先用锯在其粗枝基部的下方由下向上锯入 1/3～2/5,然后再自上方在其部略前方处从上向下锯,可避免树干劈裂;修剪后直径超过 4 厘米以上的剪锯口,应用刀削平,涂抹保护剂,促进伤口愈合。重度截干伤口处应包扎塑料袋,以免病虫侵害和水分丧失。锯除大树杈时应注意保护皮脊;修剪较高大树干时,必须采用高空作业车,且施工时应拉设警戒带,特别注意工作人员及周围行人、车辆和财产安全。

6. 根系修剪　在一年当中,只要土壤没有冻结,都可以对根系进行修剪,但以早春新芽萌动之前为最好。这时切根,老根停止延长,能促其发生更多的新根,并有充足的时间供伤口愈合。为移苗而进行修剪,应根据移苗期来决定。如果准备在秋季落叶后移栽大苗,切根的时间就不要太早,只要提前 1 个季度就行了。如果准备在早春移栽大苗,则应在头年入冬前的 2～3 个月进行修剪,给伤口愈合留出时间。

(1)生长期修剪　在植物的生长期间进行"切根",即使用特制的切根锹来切除植物四周的侧主根和侧根。切根对植物生长很有利,一些老根被切断后,能够刺激不定芽萌发,从而长出更多新根,扩大根系的吸收面积。这种切根作业可每隔 4 年进行 1 次。

(2)掘苗时修剪　当园林工人挖苗时,铁锹会给根系带来许多伤口。如果不及时把断根上的伤口剪平剪齐,苗木定植后一旦水分过多而造成土层缺氧,就会遭到腐生菌的寄生而使根系腐烂。对须根较多的花灌木来说,定植前可以用锋利的锄刀将其切齐,这样不但便于移栽,还能提高成活率。

(3)移植前修剪　在移植大苗的前半年,最好先进行 1 次切根,这样可以大大减少根系的损伤。切根范围因树种不同而不同,阔叶树的切根范围以略大于树冠直径为准。在移栽常绿针叶树种的大苗之前,对油松、白皮松、五针松等树冠宽阔的树种,切根的范围应比树冠直径大 1/3 左右;对桧柏、侧柏、龙柏等树冠呈柱形或圆锥形的树种,切根范围应为树冠直径的 1 倍左右。

(五)整形修剪的程序

修剪人员要求做到"一知、二看、三剪、四拿、五处理"。一知:

知道所要修剪的乔灌木的修剪要点及技术规范要求;二看:修剪前要仔细观察,剪法做到心中有数;三剪:仔细修剪,合理修剪;四拿:剪后的断枝,随时拿下,集中一起;五处理:剪下的枝条要及时清运。作为一项工作安排,整形修剪的程序为:

1. 调查分析,制订修剪方案 作业前应对计划修剪树木的树冠结构、树势、主侧枝的生长状况、平衡关系等进行详尽观察分析,根据修剪目的及要求,制订具体修剪及保护方案。对重要景观中的树木、古树、珍贵的观赏树木,修剪前需咨询相关专家的意见,或在其直接指导下进行。

2. 培训修剪人员、规范修剪程序 修剪人员必须接受岗前培训,掌握操作规程、技术规范、安全规程及特殊要求,合格后方能独立工作。

根据修剪方案,对要修剪的枝条、部位及修剪方式进行标记。然后按先剪下部、后剪上部,先剪内膛枝、后剪外围枝,由粗剪到细剪的顺序进行。一般从疏剪入手,把枯枝、密生枝、重叠枝等先行剪除;再按大、中、小枝的次序,对多年生枝进行回缩修剪;最后,根据整形需要,对一年生枝进行短截修剪。修剪完成后尚需检查修剪的合理性,有无漏剪、错剪,以便及时更正。

3. 注意安全作业 安全作业包括两个方面:一方面,是对作业人员的安全防范,所有的作业人员都必须配备安全保护装备;另一方面,是对作业树木下面或周围行人与设施的保护,在作业区边界应设置醒目的标记,避免落枝伤害行人。修剪作业所用的工具要坚固和锋利,不同的作业应配有相应的工具。当几个人共同修剪一棵高大树木时,要有专人负责指挥,以便高空作业时的协调配合。

4. 清理作业现场 及时清理、运走修剪下来的枝条同样十分重要,一方面保证环境整洁,另一方面也是为了确保安全。国内一般采用把残枝等运走的办法,在国外则经常用移动式削片机在作业现场就地把树枝粉碎成木片,可节约运输量并实现再利用。

二、园林植物的造型

园林植物造型是利用技术人员独具匠心的构思，巧妙的技艺，采用栽培管理、整形修剪、搭架造型创造出美妙的艺术形象，融园艺学、文学、雕塑、建筑学等艺术于一体，体现园艺栽培水平，并美化环境。园林植物造型是一种艺术。不仅要求有高超的技艺，而且要求对植物生长习性和修剪反应有充分的了解，高质量的造型还要求技术人员具备一定的艺术修养。园林植物造型是园林工作者经常进行的一项工作，高技巧的造型不仅提升了园林植物的观赏效果，丰富了园林植物的观赏形态，也是技术水平的体现。新颖唯美的造型方法，运用得当往往会取得巧夺天工的艺术效果；运用不当则会失之毫厘，谬以千里。

（一）造型类型和方法

园林植物造型可以根据不同时期的植物材料和空间环境选择不同的造型进行设计。植物造型从空间来看，可分为平面和立体造型；从取材来看，可分为具象和抽象造型；从组织形式来看，可分为单独造型、规则式造型和综合式造型。

对植物环境艺术的处理和表现方法，有许多不同的形态，根据各个国家、民族、地区等不同的自然条件与文化传统而有所区别。归纳起来主要有以中国为代表的东方"自然式"艺术形态和以意大利、法国等为代表的西方"几何图案式"艺术形态两大类。

中国古典园林植物造型的表现形式是感性和间接的，是在保持植物的自然面貌和生态学特征基础上，突出其形象和色彩的个性，选用花、叶、干等观赏品位较高的植物进行自由式造型，注重布局的整体气势和神韵的表达，讲究诗情画意。盆景艺术便是很好的例证。西方园林的造园思想和理论受哲学思想、美学思想的影响，其对应的绿化风格就是在其造园思想的直接指导下形成的

"几何图案式"艺术形态，其特点在于园林植物的配置不管是总体布局还是分株形态，都把它按照整齐对称的几何图案处理，把花草布置成织花地毯那样的所谓"刺绣花圃"，树木成排列的种植，有的园林还将树木按几何形状或按照瓶、塔、舟、人物、动物等形象修剪，被称为"绿色雕塑"。

在现代园林中，植物造型的方法和表现形式都明显地区别于传统的造型形式，体现出强烈的现代感。现代园林中植物的造型运用现代设计的语言，把各种植物进行组合，艺术地处理成点、线、面的形式，体现出极强的象征性和装饰性，富有极强的节奏感和韵律美。造型形式简洁大方，单纯明快，飘逸流畅，符合当代人的审美情趣。

尽管不同时期、东西方甚至不同地区的植物造型各有不同表现形式，但最终的目的都是要创造出能引起美感的艺术形象。

园林绿化中有少量成品盆景，置于亭台楼阁内和特需的景点中，其栽培管理与木本盆栽花卉大致相同，不同的关键之处是修剪保形，不同的盆景有不同的艺术造型，生长中树干不断长高，枝叶不断增多，如不修剪会变形失型，失去原有的设计风格特点。盆景修剪，需由有专业知识和技能的技术员、园艺师操作，该剪的剪，不该剪的不剪，千万不要破坏观赏面，失去原有流派、风格和艺术造型。

（二）造型的植物材料分类

最适合造型的园林植物的特点：生长速度快，萌芽力与成枝力均强，耐修剪。最典型的是桃树、绣线菊，其次月季、棣棠、木槿、紫薇、大叶黄杨等也都是植物造型的理想材料。

不适于造型的园林植物：虽然园林植物的造型是园林景观的重要部分，但并非所有的园林植物都适合造型。一些大乔木，如刺槐、杨树等，这些树生长旺盛，成枝力强，其姿态很难人工干预，即使干预也很难塑造出理想株型；有些树其天然姿态很美，分枝匀称、挺拔有姿,如银杏、水杉等,其自然造型即有很高的观赏价值,也不宜人工造型;一些萌芽力弱的植物,如西府海棠、苹果、梨树,也不宜过多造型,侧芽或隐芽不仅不易萌发,而且很难形成理想枝形,勉强造型往往还会造成伤口过多,影响生长和开花。

(三)园林植物的造型方向

首先,园林植物的造型设计要易于实施,所谓易于实施是指园林植物的造型方法与该植物的生长习性不相违背,其萌芽点往往与造型方向相合,其生长速度、发枝方位,都在造型师的预料之中。其次,园林植物造型要满足植物生理生长需要,要有利于通风透光,保证植物有足够的叶片进行光合作用,从而满足植物开花和结果的需要。再次,园林植物造型要满足大众的审美情趣,植物造型艺术是服务于民的艺术,再好的艺术造型,如果仅仅被极少数的艺术家看懂和认可,而普通观赏者却不明所以,也是其造型艺术的失败。最后,园林植物造型要因种而异,不同种类植物应有不同的造型方向,即使是同一种植物也要根据其固有形态确定其特有的造型方向,这样不仅符合不同种类园林植物的生理特点,同时又满足了不同个体的发育特性,这样的造型实施简便,又不易破坏树势,同时避免了千树一形的雷同呆板。园林植物的造型方法很多,但也存在与时俱进。原来行道树和桃树上流行的"三杈、六股、十二枝",现已经逐渐退出主流造型的行列。规则式园林植物造型已不符合现代多元化的审美需求。成功的造型师往往会根据流行审美趋向做出新颖别致的造型佳品。但任何成功的植物造型都是在尊重园林植物自然生长习性的基础上,巧妙运用各种修剪手法和药剂对植物生长进行人工干预,使其形态趋向理想造型的。这样的作品往往唯美而不失自然风韵。只有师法自然,才可达到宛如天成、至真至美的艺术境界。任何造型如果不尊重植物原有的生长规律,对该植物的生长习性不了解,强行将个人的造型意向强加于植物,其结果不但达不到理想的造型效果,还会严重破坏植物的正常生长。

在园林艺术中,人工造型与自然造型这两种造型方式互相映衬。人工造型往往追求完美,形态或端庄,或奇特,或洒脱,其艺术手法和造型视觉效果千姿百态,可以充分满足人们猎奇、把玩的需求,充分展示人类丰富细腻的艺术想象力和多姿多彩的艺术表现形式,同时,也是园艺师精湛技艺的展示平台。而自然造型,则充分展示了各种植物的天然形态,不同植物种类和个体在空间中的竞争,在形态上的自我展示,在植物群落中的和谐统一,会让观赏者充分体会到自由、豪放、和谐、原始的美好境界,这样的形态或是让观赏者感叹自然的美丽神奇,或是使观赏者感受回归自然的放松舒畅。

从运用效果上看,人工造型适合道路、广场一类比较规整、庄严的造型场地,可以给人们提供更便捷、更整齐的园林艺术效果。自然造型适合风景区、森林公园,可以带给观赏者毫无人工粉饰痕迹、充满自然之趣的观赏效果。而二者又往往在游园或是花园中共同使用,往往以自然造型为主、为大背景,人工造型穿插其中,作为点缀,相映成趣。

(四)绿篱的整形与修剪

绿篱是人们对园林的第一印象,因此绿篱需要持续不断的养护,特别是整形与修剪。绿篱栽植后的第一年,应及时剪去徒长枝。第二年及以后的修剪,则保留新萌发枝条 1/3～2/3 的长度并保留 2～3 个芽,其余全部剪去。这种修剪方式,可使植株之间不留空隙。由于植物顶部生长比下部生长旺盛,修剪时顶部须重剪,并及时补植、更换枯死的苗木。在绿篱定型前,应修剪下部的枝条,以保证萌发一定数量的新枝条;定型后,修剪是为了确保绿篱有美丽整齐的外观。植物的生长速度因种类而异,从幼苗长成标准绿篱需 3～4 年。

整形前,把绿篱上可能挂有的蜘蛛网、垃圾等清除干净。如果一些位置有枯枝,应尝试用邻近的枝条填上。整形的目的是使绿篱内外两侧、顶部及转角处都是平直的。修剪绿篱顶部时,先在目标高度的位置拉线,确保这条线呈绝对水平,然后根据这条水平线进行修剪。接着修剪绿篱内侧平面。修剪中把绿篱垂直面分为上、中、下3部分;首先修剪中部,沿着直线方向移动修剪;接着修剪上部,最后是下部。外侧平面的修剪也可采用这种方式。最后,再次扫净残留于绿篱上的枝叶,对于栅绿篱,整形要求是力求每株植物的外形相同。

整形并不是绿篱养护的唯一方式。平面绿篱、图形绿篱、造型绿篱,都是为了符合设计要求通过人工修剪而成。修剪的作用:一是抑制植物顶端生长优势,促使腋芽萌发,侧枝生长,墙体丰满,调整徒长枝、弱枝、过密枝和缠绕枝的生长,利于修剪成形;二是加速成形,满足设计欣赏效果。修剪的原则:从小到大,多次修剪,线条流畅,按需成形。始剪修剪的技术要求是:绿篱生长至30厘米高时开始修剪。按设计类型3～5次修剪成雏形。修剪的时间:当次修剪后,清除剪下的枝叶,加强肥水管理,待新的枝叶长至4～6厘米时进行下一次修剪,前后修剪间隔时间过长,绿篱会失形,必须进行修剪。中午、雨天、强风、雾天不宜修剪。修剪的操作:目前多采用大篱剪手工操作,要求刀口锋利紧贴篱面,不漏剪少重剪,旺长突出部分多剪,弱长凹陷部分少剪,直线平面处可拉线修剪,造型(圆形、蘑菇形、扇形、长城形等)绿篱按形修剪,顶部多剪,周围少剪。定型修剪:当绿篱生长达到设计要求定型以后的修剪,每次把新长的枝叶全部剪去,保持设计规格形态,为确保观花、观果类植物花芽的发育,花后须及时剪除残花。龙柏和其他针叶树的雌雄球花,修剪时须细致地用手除去。

(五)园林植物保护的技术措施

1. 树枝伤口的处理　园林植物枝干上的伤口应及时处置治疗,以免伤口扩大。如果是因病、虫、冻害、日灼或修剪等造成的伤口，应首先用锋利的刀刮净削平伤口四周，使皮层边缘呈弧形，然后进行消毒处理。

2. 补树洞　园林树木因各种原因造成的伤口长久不愈合，长期外露的木质部会逐渐腐烂，形成树洞，严重时会导致树干内部中空，树皮破裂。为了防止树洞继续扩大和发展，要及时修补树洞。主要办法有开放法、封闭法、填充法等。

3. 吊枝和顶枝　吊枝法在果园中应用较多，顶枝法在园林植物上应用较为普遍，尤其是在古树的养护管理中应用最多。大树或古树如倾斜不稳或大枝下垂时，需设立柱支撑，立柱可用金属、木桩、钢筋混凝土材料等做成。

4. 桥接与补根　园林植物的桥接是在植物遭受病虫、冻伤、机械损伤后，皮层受到损伤，影响树液上下流通，会导致树势削弱。此时，可用几条长枝连接受损处，使上下连通，有利于恢复生长势。"根接"为一种行之有效的恢复枯树、老树的树势的方法。常见的五针松的劈接法，其实质上是利用黑松的强壮的根势来促进娇嫩的五针松的生长，实际上也是一种根接中的换根方法。

5. 涂白　园林植物枝干涂白，目的是防治病虫害，延迟萌芽，也可避免日灼危害。如在果树生产管理中，桃树枝干涂白后较对照花期能推迟 5 天，可有效避开早春的霜冻危害。因此，在早春容易发生霜冻的地区，可以利用此法延迟芽的萌动期，避免霜冻。

三、园林植物的肥水管理

（一）园林植物的施肥管理

园林植物的生长需要不断地从土壤中吸收营养元素，而土壤中含有营养元素的数量是有限的，势必会逐渐减少，所以必须不断地向土壤中施肥，以补充营养元素，满足园林植物生长发育的需要，使园林树木生长良好。

第六章　园林植物造型与养护管理

1. 植物生长所需元素与缺素症　除碳、氢、氧以外,还有氮、磷、钾、钙、镁、硫、铁、铜、硼、锌、锰、钼、氯等 13 种元素是植物生长发育必不可少的元素。植物一旦缺少这些元素就会表现出相应的症候,即植物的缺素症。

(1)缺氮　植物黄瘦、矮小;分蘖减少,花、果少而且易脱落。由于氮元素可以从老叶转移到新叶重复利用,所以会出现老叶发黄,植株则表现为从下向上变黄。相反,如果氮素过量也会引起植物徒长,表现为节间伸长,叶大而深绿柔软披散,茎部机械组织不发达,易倒伏。

(2)缺磷　细胞分裂受阻,幼芽、幼叶停长,根纤细,分蘖变少,植株矮小,花果脱落,成熟延缓,叶片呈现不正常的暗绿色或紫红色。由于磷元素也可以移动所以老叶最先出现受害状。相反,如果磷元素过量,也会有小斑点,是磷沉淀所致。还可以引起缺锌、缺硅,禾本科缺硅易倒伏。

(3)缺钾　茎柔弱,易倒伏;抗旱和抗寒能力降低;叶片边缘黄化、焦枯、碎裂;叶脉间出现坏死斑点,也是最先表现于老叶。

(4)缺钙　幼叶呈淡绿色,继而叶尖出现典型的钩状随后死亡。

(5)缺镁　叶片失绿,叶肉变黄,叶脉仍呈明显的绿色网状,与缺氮有区分。

(6)缺硫　幼叶表现为缺绿,均匀失绿,呈黄色并脱落。

(7)缺铁　幼叶失绿发黄,甚至变为黄白色,下部老叶仍为绿色。土壤中铁元素丰富,可能由于土壤呈碱性,束缚铁离子。

(8)缺硼　受精不良,籽粒减少,根、茎尖分生组织受害死亡,例如苹果的缩果病。

(9)缺铜　叶子生长缓慢,呈蓝绿色,幼叶失绿随即发生枯斑,气孔下形成空腔,使叶片蒸发枯干而死。

(10)缺钼　叶片较小,脉间失绿,有坏死斑点,叶缘焦枯向内卷曲。

(11)缺锌　苹果、梨、桃易发生小叶病,且呈丛生状,叶片出现黄色斑点。

(12)缺锰　叶脉呈绿色而脉间失绿,与缺铁症状有区分。

(13)缺氯　叶片萎蔫失绿坏死,最后变为褐色,根粗短,根尖呈棒状。

2. 肥料的种类

(1)有机肥　有机肥来源广泛、种类繁多,常用的有堆沤肥、粪尿肥、厩肥、血肥、饼肥、绿肥、泥炭和腐殖酸类等。有机肥料的优点是,不仅可以提供养分还可以熟化土壤;缺点是虽然成分丰富但有效成分含量低,施用量大而且肥效迟缓,还可能给环境带来污染。

(2)无机肥　即通常所说的化肥。按其所含营养元素分为氮肥、磷肥、钾肥、钙肥、镁肥、微量元素肥料、复合肥料、混合肥料、草木灰和农用盐等。无机肥料的优点是,所含特定营养元素充足,不仅用量少而且肥效快;缺点是肥分单一,如果长期使用还会破坏土壤结构。

(3)微生物肥　也叫作菌肥或接种剂。确切地说它不是肥,因为它自身并不能被植物吸收利用,但是通过向土壤施用菌肥会加速熟化土壤,使土壤中的有效成分利于植物吸收;还有一些菌肥例如根瘤菌肥料、固氮菌肥料可与植物建立共生关系,帮助植物吸收养分。针对不同种类的肥料特点,人们已经总结出很多行之有效的使用方法和经验。

3. 施肥原则

(1)根据树木种类合理施肥　生长快、生长量大需肥多。

(2)根据生长发育阶段合理施肥　休眠期需肥少,营养生长需氮肥,生殖生长需磷、钾肥。

(3)根据树木用途合理施肥　观形、观叶需氮肥;观花、观果需磷、钾肥。

(4)根据土壤条件合理施肥　水少施肥难吸收,水多会流失肥料。

（5）根据气候条件合理施肥　低温难吸收，干旱缺硼、磷、钾，多雨缺镁等。

（6）根据营养诊断合理施肥　植物缺什么元素、补什么元素肥料。

（7）根据养分性质合理施肥　有机肥提前施入，化肥深施，复合配方施肥。

4. 常用的施肥方法

（1）基肥　基肥分为秋施和春施，草本植物一般在播种前一次施用；而木本植物还需要定期施用。方法是将混合好的肥料（有机肥为主但一定要腐熟还可以掺入化肥和微生物肥料）深翻或者深埋进土壤中根系的下部或者周围，但不要与根直接接触，以防"烧根"。

（2）追肥　在植物生长季施用，应配合植物的生理时期进行合理补肥。一般使用速效的化学肥料，要掌握适当浓度以免"烧根"。生产上常常使用"随施随灌溉"的方法。

（3）根外追肥　也叫叶面喷肥，一定要控制施肥的浓度。根据叶片对肥料的吸收速度不同，一般配制时较低，吸收越慢的浓度也越低。防止吸收过程中肥料浓缩产生肥害，一般下午施用。常用的叶肥有磷酸二氢钾、尿素、硫酸亚铁等。

以树木的施肥为例：树木是多年生植物，长期向周围环境吸收矿质养分势必导致营养成分的缺失。另外，由于土壤条件的变化也可能给树木吸收肥料带来很大阻力，所以适当的施肥必不可少。首先根据树木的生命规律确定合理的施肥时机。由于根是最重要的吸收器官，所以根系的活动高峰也是树木吸收肥料的高峰。对于落叶树木而言，根系活动在一年中有 3 个明显的高峰期。即树液流动前后的春季；新梢停长的夏季或秋季，此时往往出现一年中的最高峰；还有树液回流，落叶前后的秋季。对常绿树木而言，由于冬季温度较低，所以根系活动最旺盛的时期也在春、夏、秋三季。由于树木种类繁多，难于确定具体的施肥时机，但是由于树木生长的更迭是有规律的,需要根据形态指标法确定各种树木的需肥时机。

①春季 树液开始流动。树木枝条开始变柔软,有水分,一些树木有伤流发生。在此之前的 1 个月内如果土壤解冻就可以施用基肥了。

②夏季 新梢停长,大量营养回流根部建立新根系。此时可以观察到节间不再伸长,顶芽停止生长。另外,此时期也是花芽、果实发展的重要时期,应视树情追施氮肥和磷、钾肥。

③秋季 最明显的标志是树木开始落叶,此时是秋季施用基肥的最佳时期。值得注意的是基肥要腐熟、深埋,在树冠投影附近采用条状沟、放射沟等方法,施后覆土。树木的用肥量,要结合树势、气候条件和土壤肥力一般按经验施肥,即看树施肥,看土施肥;基肥量大于落叶、枯枝、产果总量;弱树追肥要少量多次。

5. 施肥注意事项 第一,由于树木根群分布广,吸收养料和水分全在须根部位,因此,施肥要在根部的四周,不要靠近树干。第二,根系强大,分布较深远的树木,施肥宜深,范围宜大,如油松、银杏、臭椿、合欢等;根系浅的树木施肥宜较浅,范围宜小,如法桐、紫穗槐及花灌木等。第三,有机肥料要充足发酵、腐熟,切忌用生粪,且浓度宜稀;化肥必须完全粉碎成粉状,不宜成块施用。第四,施肥后(尤其是追化肥),必须及时适量灌水,使肥料渗入土内。第五,应选天气晴朗、土壤干燥时施肥。阴雨天由于树根吸收水分慢,不但养分不易吸收,而且肥分还会被雨水冲失,造成浪费和水体富营养。第六,沙地、坡地、岩石易造成养分流失,施肥要深些。第七,氮肥在土壤中移动性较强,所以浅施渗透到根系分布层内,被树木吸收;钾肥的移动性较差,磷肥的移动性更差,宜深施至根系分布最多处。第八,基肥因发挥肥效较慢应深施,追肥肥效较快,则宜浅施,供树木及时吸收。第九,叶面喷肥是通过气孔和角质层进入叶片,而后运送到各个器官,一般幼叶较老叶吸收快,叶背较叶面吸水快,吸收率也高。所以,实际喷布时一定要把叶背喷匀、喷到,使之有利于树干吸收。第十,叶面喷肥要严格掌握浓度,以免烧伤叶片,最好在阴天或上午 10 时以前和下午 4 时以后喷施,以免气温高,溶液很快浓缩,影响喷肥或导致药害。第十一,园林绿化地施肥,在选择肥料种类和施肥方法时,应考虑到不影响市容卫生,散发臭味的肥料不宜施用。

6. 花卉追肥技术 花卉栽培需要及时追施肥料,其追肥方式多种多样。但不同的方法各有利弊,应根据花卉生长的不同情况,合理选用。

(1)冲施 结合花卉浇水,把定量化肥撒在水沟内溶化,随水送到花卉根系周围的土壤。采用这种方法,缺点是肥料在渠道内容易渗漏流失,还会渗到根系达不到的深层,造成浪费。优点是方法简便,在肥源充足、作物栽培面积大、劳动力不足时可以采用。

(2)埋施 在花卉植物的株间、行间开沟挖坑,将化肥施入后填上土。采用这种办法施肥浪费少,但劳动量大、费工,还需注意埋肥沟坑要离作物茎基部 10 厘米以上,以免损伤根系。一般在冬闲季节、劳动力充足、作物生长量不大时可采用这种方法,在花卉生长高峰期也可采用此法,但为防止产生烧苗等副作用,埋施后一定要浇水,使肥料浓度降低。此方法在缺少水源的地方埋施后更应防烧苗。

(3)撒施 在下雨后或结合浇水,趁湿将化肥撒在花卉株行间。此法虽然简单,但仍有一部分肥料会挥发损失。所以,只宜在田间操作不方便、花卉需肥比较急的情况下采用。在生产上,碳铵肥挥发性很强,不宜采用这种撒施的方法。

(4)滴灌 在水源进入滴灌主管的部位安装施肥器,在施肥器内将肥料溶解,将滴灌主管插入施肥器的吸入管过滤嘴,肥料即可随浇水自动进入作物根系周围的土壤中。配合地膜覆盖,肥料几乎不会挥发、不损失,又省工省力,效果很好。但此法要求有地膜覆盖,并要有配套的滴灌和自来水设备。

(5)插管渗施 这种施肥技术主要适用于木本、藤本等植物。在使用时应针对不同的植物对肥料的不同需求,选择不同的肥料配方。这种方法施肥操作简便,肥料利用率高,能有效地降低化肥投入成本。其插管制作是:取长 20～25 厘米、直径 2～3 厘米、管壁厚 3～5 毫米的塑料管 1 根,将塑料管底部制成圆锥形,便于插入土中。在塑料管四周(含下端圆锥体)均匀钻成直径为 1～2 毫米的小圆孔。塑料管的顶口部用稍大的塑料管制成罩盖,以防雨水淋入管内。渗施的方法是:插管制成后,可根据不同花卉对肥料元素需求的不同,将氮、磷、钾合理混配(一般按 8∶12∶5 的比例)后装入插管内,并封盖。然后将塑料管插入距花卉根部 5～10 厘米的土壤中,塑料管顶部露出土壤 3～5 厘米,以便于抽取塑料管查看或换装混配肥料。当装有混配化肥的塑料插管插入土壤后,土壤中的水分可通过插管的小圆孔逐渐渗入到塑料管内将肥料分解。肥料分解物又可通过小圆孔不断向土壤中输送。

(6)根外追肥 即叶面喷肥,可结合喷药根外追肥。此法肥料用量少、见效快,又可避免肥料被土壤固定,在缺素明显和花卉生长后期根系衰老的情况下使用,更能显示其优势,除磷酸二氢钾、尿素、硫酸钾、硝酸钾等常用的大量元素肥料外,还有适于大量元素加微量元素或含有多种氨基酸成分的肥料,如植保素、喷施宝、叶面宝等。花卉生长发育所需的基本营养元素主要来自基肥和其他方式追施的肥料,根外追肥只能作为一种辅助措施。

(二)园林植物的水分管理

园林植物生长过程中离不了施肥浇水等管理活动,水分管理能改善园林树木的生长环境,确保园林树木的健康生长及其园林功能的正常发挥。植物短期水分亏缺,会造成"临时性萎蔫",表现为树叶下垂、萎蔫等现象,如果能及时补充水分,叶片就会恢复过来;而长期缺水,超过植物所能承受的限度,就会造成"永久性萎蔫",即缺水死亡。而土壤水分过多,会导致根系窒息死亡。所以,应该调整好植物与土壤等环境的水分平衡关系。

1. 浇水量 植物种类不同,需浇水的量不同。一般来说,草本花卉要多浇水;木本花卉要少浇水。蕨类植物、兰科植物生长期要求丰富的水分;多浆类植物要求水分较少。同种植物不同生长时期,需浇水的量也不同。进入休眠期时浇水量应减少或停止,进入生长期浇水量需逐渐增加,营养生长旺盛期浇水量要充足。开花前浇水量应予适当控制,盛花期适当增多,结实期又需要适当减少浇水量。同种植物不同季节,对水分的要求差异很大。春夏季干旱、蒸发量大,应适当勤浇、多浇,一般每周或3～4天浇1次;夏秋之交虽然高温,但降水多,不必浇得太勤;秋季植物进入生长后期,需水量低,可适当少浇水。对于新栽或新换盆的花木,第一次浇水应浇透,一般应浇2次,第一遍渗下去后,再浇1遍。用干的细腐叶土或泥炭土盆栽时,这种土不易浇透,有时需要浇多遍才行。碰到这种情况,最好先将土稍拌湿,放1～2天再盆栽。

2. 浇水时间 在高温时期,中午切忌浇水,宜早、晚进行;冬天气温低,浇水宜少,并在晴天上午10点左右浇水;春天浇水宜中午前后进行。每次浇水不宜直接浇在根部,要浇到根区的四周,以引导根系向外伸展。每次浇水过程中,按照"初宜细、中宜大、终宜畅"的原则来完成,以免表土冲刷。冬季,在土壤冻结前,应给花木浇足"冻水",以保持土壤的墒情。在早春土壤解冻之初,还应及时浇足"返青水",以促使花木的萌动。

3. 浇水次数 浇水次数应根据气候季节变化、土壤干湿程度等情况而定。喜湿植物浇水次数要勤,始终保持土壤湿润;旱生植物浇水次数要少,每次浇水间隔期可干旱数日;中生植物浇水要"见干见湿",土壤干燥就浇透。喜湿的园林植物,如柳树、水杉、池杉等植物应少量多次灌溉;而五针松耐旱植物,灌水次数可适当减少。

4. 浇水水质 灌溉用水的水质通常分为硬水和软水两类。

硬水是指含有大量的钙、镁、钠、钾等金属离子的水;软水是指含上述金属离子量较少的水。水质过硬或过软对植物生长均不利,相对来说,水质以软水为好,一般使用河水,也可用池水、溪水、井水、自来水及湖水,水最好是微酸性或中性。若用自来水或可供饮用的井水浇灌园林植物之前,应提前1～2天晒水,一是使自来水中的氯气挥发掉,二是可以提高水温。城市中要注意千万不能用工厂内排出的废水。

5. 叶面喷水　园林植物生长发育所需要的水分都是从土壤和空气中汲取的,其中主要是从土壤中汲取,同时也需要一定的空气湿度,所以不可忽视叶面喷水。植物叶面喷水可以增加空气湿度、降低温度,冲洗掉植物叶片上的尘土,有利于植物光合作用。一般注重给植物浇水,却往往忽视植物叶片也需要水分。除了通过直接向土壤浇水外,还应通过喷水保持空气的湿度,以满足园林植物对水分的要求。

在干旱的高温季节,应增加喷水的次数,保持空气的湿度。特别是对喜湿润环境的花木,如山茶、杜鹃、玉兰、栀子等,即使正常的天气,也要经常向叶面喷水,空气相对湿度在 60% 以上才能正常发育。如四季秋海棠、大岩桐等一些苗很小的花卉,必须用细孔喷壶喷水,或用盆浸法来湿润。许多花木叶面不能积水,否则易引起叶片腐烂,如大岩桐、荷包花、非洲紫罗兰、蟆叶秋海棠等,叶面有密集的茸毛,不宜对叶面喷水,尤其不应在傍晚喷水。有些花木的花芽和嫩叶不耐水湿,如仙客来的花芽、非洲菊的叶芽,遇水湿太久容易腐烂。墨兰、建兰叶片常发生炭疽病,感染后叶片损伤严重,发现病害时,应停止叶面喷水。

6. 浇水方法　浇水前要做到土壤疏松,土表不板结,以利水分渗透,待土表稍干后,应及时加盖细干土或中耕松土,减少水分蒸发。

(1)沟灌　是在树木行间挖沟,引水灌溉。

(2)漫灌　是在树木群植或片植时,株行距不规则,地势较平坦时,采用大水漫灌,此法既浪费水,又易使土壤板结,一般不宜采用。

(3)树盘灌溉 是在树冠投影圈内,扒开表土做一圈围堰,堰内注水至满,待水分渗入土中后,将土堰扒平复土保墒,一般用于行道树、庭荫树、孤植树,以及分散栽植的花灌木、藤本植株。

(4)滴灌 是将水管安装在土壤中或树木根部,将水滴入树木根系层内,土壤中水、气比例合适,是节水、高效的灌溉方式,但缺点是投资大。

(5)喷灌 属机械化作业,省水、省工、省时,适用于大片的灌木丛和经济林。

7.绿地排水 长期阴雨、地势低洼渍水或灌溉浇水太多,使土壤中水分过多形成积水称为涝。容易造成渍水缺氧,使园林植物受涝,根系变褐腐烂,叶片变黄,枝叶萎蔫,产生落叶、落花、枯枝,时间长了全株死亡。为减少涝害损失,在雨水偏多时期或对在低洼地势又不耐涝的园林植物要及时排水。常用的排涝方法有:

(1)地表径流 地表坡度控制在 0.1%～0.3%,不留坑洼死角;常用于绿篱和片林。

(2)明沟排水 适用于大雨后抢排积水,特别是忌水树种例如黄杨、牡丹、玉兰等。

(3)暗沟排水 采用地下排水管线并与排水沟或市政排水相连,但造价较高。

园林植物是否进行水分的排灌,取决于土壤的含水量是否适合根系的吸收,即土壤水分和植物体内水分是否平衡。当这种平衡被打破时,植物会表现出一些症状。要依据这些特点,对土壤及时排灌。但是这些症状有时极易混淆,比如由于长期积水导致根系死亡后,植物表现的也是旱害症状。这时就需要对其他因子进行合理分析才能得出正确的解决方案。

（三）园林花卉的管理

园林花卉,是风景园林中不可缺少的材料,不同的花卉品种开花季节和花期长短各不相同,为实现一年四季鲜花盛开,除了科学搭配不同品种种植外,抓好管理是关键。

1. 地栽花卉的管理 地栽花卉在栽培上要求土地肥沃疏松,通透性好,保水保肥力强。肥水管理,前期肥水充足,以氮为主,结合施用磷、钾,中期氮、磷、钾结合,花前控肥控水,促进花芽分化,开花后补施磷、钾、氮肥,可延长开花期。每月进行 1 次浅松表土,除去杂草,结合施肥。草本花卉,多施液肥;木本花卉,雨季可开小穴干施。植株高大的地栽花木,不能露根,适当培土可防止倒伏。修剪覆盖,在生长中要及时剪去干枯的枝叶,另外在夏秋季节进行地表覆盖,可保湿、防旱和抑制杂草生长。病虫防治:每月喷 1 次杀虫药剂,在修剪后或暴雨前后喷 1 次杀菌剂,均有防治效果。藤本花卉管理的不同之处,是要树柱子或搭支架,使之攀缘生长。

2. 盆栽花卉的管理 盆栽花卉在园林绿化中主要指盆栽时花和盆栽阴生植物两大类,盆栽花卉是经过两个阶段培育而成,第一个阶段是在花圃进行培育,第二个阶段是装盆后生长到具有观赏价值或开花前后,摆放到室外广场(花坛)、绿化景点中,以及亭台楼阁甚至室内的办公室、会议室、厅堂、阳台等。

花圃培育盆栽花卉,首先选择各类各种时花和阴生植物,进行整地播种或扦插(在荫棚沙池无性繁殖),幼苗期加强肥水管理和病虫害的防治,然后准备规格合适的陶瓷、塑料花盆,装上事先拌好的配方花泥(干塘泥粒 65%～70%、腐熟有机质 10%、沙 20%、复合肥 3%～5%),盆底漏水孔压上瓦片,装量八成,最后种上幼苗,分类摆放加强管理,长大或开花前后放至摆放点。

盆栽花卉第二阶段的管理,由于摆放分散,重点做好"三防":防旱、防渍、防冻。防旱:高温炎热天气,水分蒸腾蒸发快,室外

2～3天浇1次水,室内5～7天浇水1次。防渍:盆体通透性和渗漏性很差,只靠盆底漏水孔渗漏渍水,室外盆栽严禁盆底直落泥地,室内及阳台盆栽,不要每天淋水,每次淋水后观察盆底是否有滴水,如滴水不漏,一是盆土板结,适当松土,二是盆底漏水孔堵塞,及时疏通或转盆,盆栽花卉失败大多是因为盆底部分渍水烂根影响生长以至死亡。防冻:热带花卉和阴生植物如绿巨人、万年青等冬季气温18℃以下,不少品种开始出现冻害,露天和阳台盆栽花卉,在低温、霜冻天气,要搭棚覆盖保温或搬进暖房防冻。除了做好以上"三防"外,阴生植物还要防晒,烈日下灼伤叶片,影响生长,甚至死亡,宜放于室内和厅堂及阳台无直射光的背日处。

　　盆栽施肥,施肥种类有机无机肥结合,木本有机为主,草本无机为主,观花的磷、钾、氮比例是3:2:1,观叶的是2:1:3。施肥次数,视长势每月1～2次,结合淋水施液肥,减少干施,严禁施用未腐熟的有机肥,否则易肥害伤根。施肥量视盆土多少,能少勿多,免于肥害。必要时采用根外施肥等,可使叶色浓绿,花期延长。换盆:为使盆栽花卉根多叶茂,按时盛开花期长,多数多年生的木本和部分其他花卉需要换盆。换盆的时间要考虑两个因素,一是盆土多少和盆土质量,土量少质量差的早换,土量多质量好(如纯干塘泥的配方花泥)的迟换;二是花卉的大小高矮,高大花卉早换,矮小花卉迟换,一般2～3年换盆1次。换盆方法:空盆放上瓦片压住盆底孔,再在瓦片上放上一把粗沙,然后将配方花泥放入1/3,换盆前3～5天不淋水,换盆时,盆内周边淋少量的水,振动盆体,花盆侧倾,用木棍或两个大拇指顶住盆底瓦片,边摇边压,以致盆土离盆,用花铲铲去1/3的旧泥(最多不能超过50%),保留新根,用枝剪剪去老根,剪齐断根,然后小心放入新盆,根顺干正,填上配方花泥,压实淋透(盆底滴水)。盆栽花卉由于分散,通风透光好,病虫较少,但要细心查看。一经发现,要用手提喷雾器逐盆喷药。另外,部分花卉对土壤pH值要求较严,如含笑、茶花等要求酸性土壤生长才正常,可淋柠檬酸水每月2～3

次,土壤 pH 值保持 4 左右。

居民家庭养花绝大多数是盆栽花卉,上述管理措施也适应于家庭养花、阳台绿化等的日常管理。

(四)草坪的养护管理

草坪的养护原则是:均匀一致,纯净无杂,四季常绿。在一般管理水平情况下,绿化草坪(如细叶结缕草)可按种植时间的长短划分为 4 个阶段。一是种植至长满阶段,指初植草坪,种植至 1 年或全覆盖(100％长满无空地)阶段,也叫长满期。二是旺长阶段,指植后 2～5 年,也叫旺长期。三是缓长阶段,指种植后 6～10 年,也叫缓长期。四是退化阶段,指植后 10～15 年,也叫退化期。在较高的养护管理水平下,天鹅绒草(细叶结缕草)草坪退化期可推迟 5～8 年。具体时间与草坪草种类有关,有的推迟 3～5 年,也有的提前 3～5 年。

1. 恢复长满阶段的管理 按设计和工艺要求,新植草坪的地床,要严格清除杂草种子和草根草茎,并填上纯净客土刮平压实 10 厘米以上才能种植草皮。草皮种植大多是密铺、间铺和条铺 3 种方式。为节约草皮材料可用间铺法,该法有两种形式,且均用长方形草皮块。一为铺块式,各块间距 3～6 厘米,铺设面积为总面积的 1/3;另为梅花式,各块相间排列,所呈图案亦颇美观,铺设面积占总面积的 1/2,用此法铺设草坪时,应按草皮厚度将铺草皮之处挖低一些,以使草皮与四周面相平。草皮铺设后,应予碾压和灌水。春季铺设者应在雨季后,匍匐枝向四周蔓延可互相密接。条铺法是把草皮切成宽 6～12 厘米的长条,以 20～30 厘米的距离平行铺植,经半年后可以全面密接,其他同间铺法。密铺无长满期,只有恢复期 7～10 天,间铺和条铺有 50％ 以上的空地需一定的时间才能长满,春季种和夏季种的草皮长满期短仅 1～2 个月,秋种冬种则长满慢需 2～3 个月。

在养护管理上,重在水、肥的管理,春种防渍,夏种防晒,秋冬种草防风保湿。一般种草后1周内早晚喷水1次,并检查草皮是否压实,要求草根紧贴客土。种植后2周内每天傍晚喷水1次,2周后视季节和天气情况一般2天喷水1次,以保湿为主。施肥:植后1周开始到3个月内,每半个月施肥1次,用1‰～3‰尿素液结合浇水喷施,前稀后浓,以后每月按30～45千克/公顷施1次尿素,雨天干施,晴天液施,全部长满草高8～10厘米时,用剪草机剪草。除杂草:早则植后半个月,迟则1月,杂草开始生长,要及时挖草除根,挖后压实,以免影响主草生长。新植草坪一般无病虫,无须喷药,为加速生长,后期可用0.1‰～0.5‰磷酸二氢钾结合浇水喷施。

2. 旺长阶段的管理 草坪植后第二年至第五年是旺盛生长阶段,观赏草坪以绿化为主,所以重在保绿。水分管理,翻开草茎,客土干而不白,湿而不渍,一年中春夏干、秋冬湿为原则。施肥轻施薄施,一年中4～9月少,两头多,每次剪草后施尿素15～30千克/公顷。旺长季节,控肥控水控制长速,否则剪草次数增加,养护成本增大。剪草,是本阶段的工作重点,剪草次数多少和剪草质量的好坏与草坪退化和养护成本有关。剪草次数一年控制在8～10次为宜,2～9月平均每月剪1次,10月至翌年1月每2个月剪1次。剪草技术要求:一是草坪最佳观赏高度为6～10厘米,超过10厘米可剪,大于15厘米时会起"草墩",此时必剪;二是剪前准备,检查剪草机动力要正常,草刀锋利无缺损,同时捡净草坪中的细石杂物;三是剪草机操作,调整刀距,离地2～4厘米(旺长季节低剪,秋冬高剪),匀速推进,剪幅每次相交3～5厘米,不漏剪;四是剪后及时清净草叶,并保湿施肥。

3. 缓长阶段的管理 草坪种植后6～10年的草坪,生长速度有所下降,枯叶枯茎逐年增多,在高温多湿的季节易发生根腐病,秋冬易受地老虎危害,工作重点注意防治病虫危害。如天鹅绒草连续渍水3天开始烂根,排干渍水后仍有生机,连续渍水7天,90%以上烂根,几乎无生机,需重新种植草皮。渍水1～2天烂根虽少,但排水后遇高温多湿有利病菌繁殖,导致根腐病发生。用硫菌灵或多菌灵 800～1000 倍液,喷施病区 2～3 次(2～10 天喷 1次),防治根腐病效果好。高龄地老虎在地表把草的基部剪断,形成块状干枯,面积逐日扩大,危害迅速,造成大片干枯。检查时需拨开草丛才能发现幼虫。要及早发现及时在幼虫低龄用药,危害处增加药液,3 天后清掉危害处的枯草,并补施尿素液,1 周后开始恢复生长。

缓长期的肥水管理比旺长期要加强,可进行根外施肥。剪草次数控制在每年 7～8 次为好。

4. 草坪退化阶段的管理　草坪植后 10 年的草坪开始逐年退化,植后 15 年严重退化。此时要特别加强水肥管理,严禁渍水,否则会加剧烂根枯死,除正常施肥外,每 10～15 天用 1‰尿素和磷酸二氢钾混合液根外施肥。退化草坪剪后复青慢,全年剪草次数不宜超过 6 次。另外,由于主草稀,易长杂草,对杂草要及时挖除。此期需全面加强管理,才能有效延缓草坪的退化。

5. 草坪的施肥管理　如何延长草坪的利用期,保持良好的绿色度,增强草坪的园林绿化效果,是草坪养护的重要任务。草坪施肥工作的特点有:首先草坪不同于树木,每次对草坪的操作都是对群体的作用。如果忽略群体内部的共生与竞争关系,破坏了群体稳定性,很可能为今后的工作增加难度。所以,应当明确草坪的施肥一般情况下只是一种辅助手段,创造良好的群内结构才是草坪养护的关键。在实际工作中常会出现,那些看似管理粗放的草坪反而比精耕细作的要强。所以,草坪施肥时机和施肥次数的确定是个很值得研究的问题。最常用的方法是根据草坪的类型确定施肥。一般草坪(公路隔离带、公共绿地等)一年集中施肥1 次,也可以分 2 次施用。高档草坪(足球场、高尔夫球场)一年要施肥 4～6 次。施肥时机要根据草的生态习性分类进行区分。冷季型草:如高羊茅、匍匐剪股颖、草地早熟禾和黑麦草等,施肥的最佳时期是夏末;如在早春到仲春大量施用速效氮肥,会加重其春季病害;初夏和仲夏施肥要尽量避免或者少施,以提高冷季型草的抗胁迫能力。暖季型草:如狗牙根、矮生百慕大草、地铺拉草、蜈蚣草和水牛草等,施肥的最佳时期是在春末,第二次最好安排在初夏和仲夏。如在晚夏和初秋施肥可降低草的抗冻能力易造成冻害。另外,给草坪施肥不仅要考虑施肥时机和次数,肥料的用量也十分重要。施肥量取决于多种因素,包括空气条件、生长季节的长短、土壤的肥力、光照条件、使用频率、修剪情况和对草坪的期望值。一般生长良好的条件下,用量不超过 60 千克/公顷,速效氮过量易产生损伤。冷季型草在高温季节不可超过 30 千克/公顷,速效氮可用缓效肥料代替,但应该少于 180 千克/公顷。修剪过低的草坪要少于正常草坪的肥料用量,一般不超过 25 千克/公顷速效氮。

6. 草坪的水分管理 草坪植物的耗水特点:草坪土壤的水分,除了一部分用于植物的蒸腾作用以外,大量水分以地表的蒸发和土壤孔隙蒸发的形式损耗,所以草坪的耗水量往往都大于树木。

浇水时间和浇水量:生长季浇水应该在早晨日出之前,一般不在炎热的中午和晚上浇水,中午浇水易引起草坪的灼烧,晚上浇水容易使草坪感病。最好不用地下水而用河水或者池塘里的水,防止地下水温度太低给草坪带来伤害。由于草坪的根系分布较浅,所以浇水量可以依据水分渗透的深度确定,或根据坪草根系深浅来确定用水的多与少。需要注意的是,配合其他养护措施时一定要有先后顺序,即修剪之前浇水,施肥以后浇水。冬季浇水主要是为了防寒,由于蒸发量小,所以可以在土壤上冻前一次灌足冻水。另外,为了缓解春旱,春季要灌返青水。

浇水的方法:有大水漫灌、滴灌、微灌、喷灌和喷雾等。生长季常用的是喷灌,便于操作、浇水均匀且土壤吸收也好。漫灌的方法常用于冻水和返青水,水量充足但利用率不高。滴灌和微灌是最节水的方法但是设备要求过高。草坪的排水,多通过采用坪床的坡度造型配合排水管道进行。

四、园林植物病虫害防治

（一）园林害虫概述

1. 害虫危害植物方式和危害性

（1）**食叶**　将园林植物叶片吃光、吃花,轻者影响植物生长和观赏,重者可造成园林植物生长势衰弱,甚至死亡。

（2）**刺吸**　以针状口器刺入植物体吸取植物汁液,有的造成植物叶片卷曲、黄叶、焦叶,有的引起枝条枯死,严重时使树势衰弱,可引发次生害虫侵入,造成植物死亡。刺吸害虫还是某些病原物的传媒体。

（3）**蛀食**　以咀嚼方式钻入植物体内啃食植物皮层、韧皮部、形成层、木质部等,直接切断植物输导组织,造成园林植物枯干、枯萎,严重的甚至整株枯死。

（4）**咬根、茎**　以咀嚼方式在地下或贴近地表咬断幼嫩根茎或啃食根皮,影响植物生长,严重时可造成植物枯死。

（5）**产卵**　某些昆虫将产卵器插入树木枝条产下大量的卵,破坏树木的输导组织,造成枝条枯死。

（6）**排泄**　刺吸害虫在危害植物时的分泌物不仅污染环境,而且还能引起某些植物发生煤污病。

2. 检查园林植物害虫的常用方法

（1）**看虫粪、虫孔**　食叶害虫、蛀食害虫在危害植物时都要排粪便,如槐尺蠖、刺蛾、侧柏毒蛾等食叶害虫在吃叶子时排出 1 粒粒虫粪。通过检查树下、地面上有无虫粪就能知道树上是否有虫子。一般情况下,虫粪粒小则虫体小,虫粪粒大说明虫体较大;虫粪粒数量少,虫子量少,虫粪粒数量多,虫子量多。另外,蛀食害虫,如光肩星天牛、木蠹蛾等危害树木时,向树体外排出粪屑,并挂在树木被害处或落在树下,很容易发现。通过检查树木有无虫粪或虫孔,可以发现有无害虫。虫孔与虫粪多少能说明树上发生的虫量多少。

(2)看排泄物 刺吸害虫危害树木的排泄物不是固体物而是呈液体状,如蚜虫、介壳虫、斑衣蜡蝉等在危害树木时排出大量"虫尿"落在地面或树木枝干、叶面上,甚至洒在停在树下的车上,像洒了废机油一样。因此,通过检查地面、树叶、枝干上有无废机油样污染物可以及时发现树上有无刺吸害虫。

(3)看被害状 一般情况下,害虫危害园林植物,就会出现被害状。如食叶害虫危害植物,受害叶就会出现被啃或被吃等症状;刺吸害虫会引起受害叶卷曲或小枝枯死,或部分枝叶发黄、生长不良等情况;蛀食害虫危害,被害处以上枝叶很快呈现生长萎蔫或叶片形成鲜明对比;同样,地下害虫危害植物后,其植株地上部也有明显表现。只要勤观察、勤检查就会很快发现害虫的危害。

(4)查虫卵 有很多园林害虫在产卵时有明显的特征,抓住这些就能及时发现并消灭害虫。如天幕毛虫将卵呈环状产在小枝上,冬季非常容易看到;又如斑衣蜡蝉的卵块、舞毒蛾的卵块、杨扇舟蛾的卵块、松蚜的卵粒等都是发现害虫的重要依据。

(5)拍枝叶 拍枝叶是检查松柏、侧柏或龙柏树上是否有红蜘蛛的一种简单易行的方法。只要将枝叶在白纸上拍一拍,然后可看到白纸上是否有蜘蛛及数量多少。

(6)抽样调查 抽样调查是检查害虫的一种较科学的方法,工作量较大。通常是选择有代表性的植株或地点进行细致调查,根据抽样调查取得的数据确定防治措施。

(二)园林病害概述

1. 园林植物病害的危害性

(1)危害叶片、新梢 可造成叶片部分或整片叶子出现斑点、坏死、焦叶、干枯,影响生长和观赏。如月季黑斑病、毛白杨锈病、白粉病等。

(2)**危害根、枝干皮层** 引起树木的根或枝干皮层腐烂,造成输导组织死亡,导致枝干甚至整株植物枯死。如立枯病、腐烂病、紫纹羽病、柳树根朽病等。

(3)**危害根系、根茎或主干** 由于生物的侵入和刺激,造成各种肿瘤,消耗植物营养,破坏植物吸收。如线虫病、根癌病等。

(4)**危害根茎维管束** 造成植物萎蔫或枯死,病原物侵入植物维管束,直接引起植物萎蔫、枯死。如枯萎病。

(5)**危害整株植物** 病原物侵入植株,引起各种各样的畸形、丛枝等,影响植物生长,甚至造成植物死亡。如枣疯病、泡桐丛枝病等。

(6)**低温危害** 可直接造成部分植物在越冬时抽梢、冻裂,甚至死亡。如毛白杨破肚子病等。

(7)**盐害** 北方城市冬季雪后撒盐或融雪剂对行道树危害较大,严重时可造成行道树的死亡。

2. 检查园林植物病害的方法 园林植物病害种类很多,按其病原可将病害大致分两类:一类是传染性病害,其病原有真菌、细菌、病毒、线虫等;另一类是非传染性病害,其病原有温度过高或过低、水分过多或过少、土壤透气不良、土壤溶液浓度过高、药害及空气污染等不利环境条件。

检查、及时发现病害对控制和防治病害的大发生十分重要。常用的方法有:

(1)**检查叶片上出现的斑点** 一般周围有轮廓,比较规则,后期上面又生出黑色颗粒状物,这时再切片用显微镜检查。叶片细胞里有菌丝体或子实体,为传染性叶斑病,根据子实体特征再鉴定为哪一种。病斑不规则,轮廓不清,大小不一,查无病菌的则为非传染性病斑。传染性病斑在一般情况下,干燥的多为真菌侵害所致。斑上有溢出的脓状物,病变组织一般有特殊臭味,多为细菌侵害所致。

(2)看叶片正面是否生出白粉物　叶片生出白粉物多为白粉病或霜霉病。白粉病在叶片上多呈片状，霜霉病则多呈颗粒状。如黄栌白粉病、葡萄霜霉病。叶片背面(或正面)生出黄色粉状物，多为锈病。如毛白杨锈病、玫瑰锈病、瓦巴斯草锈病等。

(3)检查叶片黄绿相间或皱缩变小、节间变短、丛枝、植株矮小情况　出现上述情况多为病毒所引起。叶片黄化，整株或局部叶片均匀褪绿，进一步白化，一般由类菌质体或生理原因引起。如翠菊黄化病等。

(4)观察阔叶树的枝叶枯黄或萎蔫　如果是整株或整枝的，先检查有没有害虫，再取下萎蔫枝条，检查其维管束和皮层下木质部，如发现有变色病斑，则多是真菌引起的导管病害，影响水分输送造成；如果没有变色病斑，可能是由于茎基部或根部腐烂病或土壤气候条件不好所造成的非传染性病害。

如果出现部分叶片尖端焦边或整个叶片焦边，再观察其发展，看是否生出黑点，检查有无病菌。如果发现整株叶片很快都焦尖或焦边，则多由于土壤、气候等条件所引起。

(5)检查松树的针叶枯黄　如果先由各处少量叶子开始，夏季逐渐传染扩大，到秋季又在病叶上生出隔段，上生黑点的则多为针枯病；很快整枝整株全部针叶焦枯或枯黄半截，或者当年生针叶都枯黄半截的，则多为土壤、气候等条件所引起。

(6)辨别树木花卉干、茎皮层起泡、流水、腐烂情况　局部细胞坏死多为腐烂病，后期在病斑上生出黑色颗粒状小点，遇雨生出黄色丝状物的，多为真菌引起的腐烂病；只起泡流水，病斑扩展不太大，病斑上还生黑点的，多为真菌引起的溃疡病，如杨柳腐烂病和溃疡病。

树皮坏死，木质部变色腐朽，病部后期生出病菌的子实体(木耳等)，是由真菌中担子菌所引起的树木腐朽病。

草本花卉茎部出现不规则的变色斑，发展较快，造成植株枯黄或萎蔫的多为疫病。

(7)检查树木根部皮层病变情况 如根部皮层产生腐烂、易剥落的多为紫纹羽病、白纹羽病或根朽病等,前者根上有紫色菌丝层,白纹羽病有白色菌丝层;后期病部生出病菌的子实体(蘑菇等)的多为根朽病;根部长瘤子,表皮粗糙的,多为根癌肿病;幼苗根际处变色下陷,造成幼苗死亡的,多为幼苗立枯病。

一些花卉根部生有许多与根颜色相似的小瘤子,多为根结线虫病,如小叶黄杨根结线虫病。地下根茎、鳞茎、球茎、块根等细胞坏死腐烂的,如表面较干燥,后期皱缩的,多为真菌危害所致;如有溢脓和软化的,多为细菌危害所致。前者如唐菖蒲干腐病,后者如鸢尾细菌性软腐病。

(8)检查树干树枝流脂流胶 其原因较复杂,一般由真菌、细菌、昆虫或生理原因引起。如雪松流灰白色树脂、油松流灰白色松脂(与生理和树蜂产卵有关)、栾树春天流树液(与天牛、木蠹蛾危害有关)、毛白杨树干破裂流水(与早春温差、树干生长不匀称有关)、合欢流黑色胶(是由吉丁虫危害引起)等。

(9)观察树木小枝枯梢 枝梢从顶端向下枯死,多由真菌或生理原因引起。前者一般先从星星点点的枝梢开始,发展起来有个过程,如柏树赤枯病等;后者一般是一发病就大部或全部枝梢出问题,而且发展较快。

(10)辨认叶片、枝或果上出现斑点 病斑上常有轮纹排列的突破病部表皮的小黑点,由真菌引起,如小叶黄杨炭疽病、兰花炭疽病等。

(11)检查花瓣上出现斑点 花瓣上出现斑点并见有发展,沾污花瓣,花朵下垂,为真菌引起的花腐病。

(三)螨类概述

螨类属节肢动物门,蛛形纲,俗称"红蜘蛛"。

红蜘蛛是园林植物上一类重要的刺吸式有害生物,特别是在干旱、高温季节,繁殖快、危害重,能造成很多重要的观赏植物叶片发黄、干枯、焦叶、落叶。

红蜘蛛以卵或成螨在植株上、落叶里、土缝等处越冬。1年可繁殖10多代,条件合适时,5～6天可完成1代。

(四)园林植物病虫害综合治理

病虫害防治方针是预防为主,综合治理。综合治理考虑到有害生物的种群动态和与之相关的环境关系,尽可能协调地运用的技术和方法,使有害生物种群保持在经济危害水平之下。病虫害综合治理是一种方案,它能控制病虫的发生,避免相互矛盾,尽量发挥有机的调和作用,保持经济允许水平之下的防治体系。

1. 综合治理特点　综合治理有两大特点:一是它允许一部分害虫存在,这些害虫为天敌提供了必要的食物;二是强调自然因素的控制作用,最大限度地发挥天敌的作用。

2. 综合治理的原则

(1)生态原则　病虫害综合治理从园林生态系的总体出发,根据病虫和环境之间的相互关系,通过全面分析各个生态因子之间的相互关系,全面考虑生态平衡及防治效果之间的关系,综合解决病虫危害问题。

(2)控制原则　在综合治理过程中,要充分发挥自然控制因素(如气候、天敌等)的作用,预防病虫的发生,将病虫害的危害控制在经济损失水平之下,不要求完全彻底地消灭病虫。

(3)综合原则　在实施综合治理时,要协调运用多种防治措施,做到以植物检疫为前提,以园林技术防治为基础,以生物防治为主导,以化学防治为重点,以物理机械防治为辅助,以便有效地控制病虫的危害。

(4)客观原则　在进行病虫害综合治理时,要考虑当时、当地的客观条件,采取切实可行的防治措施,如喷雾、喷粉、熏烟等,避免盲目操作所造成的不良影响。

（5）效益原则　进行综合治理，目标是实现"三大效益"，即经济效益、生态效益和社会效益。进行病虫害综合治理的目标是以最少的人力、物力投入，控制病虫的危害，获得最大的经济效益；所采用措施必须有利于维护生态平衡，避免破坏生态平衡及造成环境污染；所采用的防治措施必须符合社会公德及伦理道德，避免对人、畜的健康造成损害。

（五）园林植物病虫害综合治理方法

1. 植物检疫法　植物检疫是国家或地方行政机关通过颁布法规禁止或限制国与国、地区与地区之间，将一些危险性极大的害虫、病菌、杂草等随着种子、苗木及其植物产品在引进、输出中传播蔓延，对传入的要就地封销和消灭，是病虫害综合防治的一项重要措施。

从国外及国内异地引进种子、苗木及其他繁殖材料时应严格遵守有关植物检疫条例的规定，办理相应的检疫审批手续。

苗圃、花圃等繁殖园林植物的场所，对一些主要随苗木传播，经常在树木、木本花卉上繁殖和危害的，危害性又较大的（如介壳虫、蛀食枝干害虫、根部线虫、根癌肿病等）病虫害，应在苗圃彻底进行防治，严把苗木外出关。

2. 园林技术防治法　病虫害的发生和发展都需要一定的适宜的环境条件。园林技术防治是利用园林栽培技术来防治病虫害的方法，即创造有利于园林植物和花卉生长发育而不利于病虫害危害的条件，促使园林植物生长健壮，增强其抵抗病虫害危害的能力，是病虫害综合治理的基础。如采取选用抗病虫品种、合理的水肥管理、实行轮作和植物合理配置、消灭病原和虫源等措施，及时清除病叶及虫枝，并加以妥善处理，减少侵染来源。

园林技术防治措施主要有以下几种：

（1）选用无病虫种苗及繁殖材料　在选用种苗时，尽量选用无虫害、生长健壮的种苗，以减少病虫害危害。如果选用的种苗中带有某些病虫,要用药剂预先进行处理。

(2)苗圃地的选择及处理 一般应选择土质疏松、排水透气性好、腐殖质多的地段作为苗圃地。在栽植前进行深耕改土,耕翻后经过暴晒、土壤消毒后,可杀灭部分病虫害。消毒剂一般可用 50 倍的甲醛稀释液,均匀洒布在土壤内,再用塑料薄膜覆盖,约 2 周后取走覆盖物,将土壤翻动耙松后进行播种或移植。用硫酸亚铁消毒,可在播种或扦插前以 2%～3%硫酸亚铁溶液浇盆土或床土,可有效抑制幼苗猝倒病的发生。

(3)采用合理的栽培措施 根据苗木的生长特点,在圃地内考虑合理轮作、合理密植以及合理配置花木等原则,从而避免或减轻某些病虫害的发生,增强苗木的抗病虫性能。有些花木种植过密,易引起某些病虫害的大发生,在花木的配置方面,除考虑观赏水平及经济效益外,还应避免种植病虫的中间寄主植物。露根栽植落叶树时,栽前必须适度修剪,根部不能暴露时间过长;栽植常绿树时,须带土球,土球不能散,不能晾晒时间过长,栽植深浅适度,是防治多种病虫害的关键措施。

(4)合理水肥管理 花木在灌溉中,浇水的方法、浇水量及时间等,都会影响病虫害的发生。喷灌和"滋"水等方式往往加重叶部病害的发生,最好采用沟灌、滴灌或沿盆钵边缘浇水。浇水要适量,水分过大往往引起植物根部缺氧窒息,轻者植物生长不良,重则引起根部腐烂,尤其是肉质根等器官。浇水时间最好选择晴天的上午,以便及时降低叶片表面的湿度。施肥中做好有机肥与无机肥配施,大量元素与微量元素配施;施用充分腐熟的有机肥,可增强抗病虫性。

(5)加强管理 加强对园林植物的抚育管理,及时修剪。例如,防治危害悬铃木的日本龟蜡蚧,可及时剪除虫枝,以有效地抑制该虫的危害;及时清除被害植株及树枝等,以减少病虫的来源。公园、苗圃的枯枝落叶、杂草,都是害虫的潜伏场所,清除病枝虫枝,清扫落叶,及时除草,可以消灭大量的越冬病虫。尤其是温室栽培植物,要经常通风透气,降低湿度,以减少花卉灰霉病等的发生发展。

3. 物理机械和引诱剂法　利用简单的工具以及物理因素(如光、温度、热能、放射能等)来防治害虫的方法,称为物理机械防治。物理机械防治的措施简单实用,容易操作,见效快,可以作为害虫大发生时的一种应急措施。特别对于一些化学农药难以解决的害虫或发生范围小时,往往是一种有效的防治手段。

(1)人工捕杀　利用人力或简单器械,捕杀有群集性、假死性的害虫。例如,用竹竿打树枝振落金龟子,组织人工摘除袋蛾的越冬虫囊,摘除卵块,发动群众于清晨到苗圃捕捉地老虎以及利用简单器具钩杀天牛幼虫等,都是行之有效的措施。

(2)诱杀法　是指利用害虫的趋性设置诱虫器械或诱物诱杀害虫,利用此法还可以预测害虫的发生动态。常见的诱杀方法有:

①**灯光诱杀**　利用害虫的趋光性,人为设置灯光来诱杀防治害虫。目前生产上所用的光源主要是黑光灯,此外,还有高压电网灭虫灯。黑光灯是一种能辐射出360纳米紫外线的低气压汞气灯,而大多数害虫的视觉神经对波长330～400纳米的紫外线特别敏感,具有较强的趋性,因而诱虫效果很好。利用黑光灯诱虫,除能消灭大量虫源外,还可以用于开展预测预报和科学实验,进行害虫种类、分布和虫口密度的调查,为防治工作提供科学依据。

安置黑光灯时应以安全、经济、简便为原则。黑光灯诱虫时间一般在5～9月份,灯要设置在空旷处,选择闷热、无风、无雨、无月光的夜晚开灯,诱集效果最好,一般以晚上9～10时诱虫最好。由于设灯时,易造成灯下或灯的附近虫口密度增加,因此应注意及时消灭灯光周围的害虫。除黑光灯诱虫外,还可以利用蚜虫对黄色的趋性,用黄色光板诱杀蚜虫及美洲斑潜蝇成虫等。

②**毒饵诱杀**　利用害虫的趋化性在其所嗜好的食物中(糖

醋、麦麸等)掺入适当的毒剂,制成各种毒饵诱杀害虫。例如,蝼蛄、地老虎等地下害虫,可用麦麸、谷糠等作饵料,掺入适量敌百虫或其他药剂制成毒饵来诱杀。所用配方一般是饵料100份、毒剂1~2份、水适量。另外,诱杀地老虎、梨小食心虫成虫时,通常以糖、酒、醋作饵料,以敌百虫作毒剂来诱杀。所用配方是糖6份、酒1份、醋2~3份、水10份,再加适量敌百虫。

③饵木诱杀　许多蛀干害虫如天牛、小蠹虫、象虫、吉丁虫等喜欢在新伐倒不久的倒木上产卵繁殖。因此,在成虫发生期间,在适当地点设置一些木段,供害虫大量产卵,待新一代幼虫完全孵化后,及时进行剥皮处理,以消灭其中害虫。例如,在山东泰安岱庙内,每年用此方法诱杀双条杉天牛,取得了明显的防治效果。

④植物诱杀　或称作物诱杀,即利用害虫对某种植物有特殊嗜好的习性,经种植后诱集捕杀的一种方法。例如,在苗圃周围种植蓖麻,使金龟子误食后麻醉,可以集中捕杀。

⑤潜所诱杀　利用某些害虫的越冬潜伏或白天隐蔽的习性,人工设置类似环境诱杀害虫。注意诱集后一定要及时消灭。例如,有些害虫喜欢选择树皮缝、翘皮下等处越冬,可于害虫越冬前在树干上绑草把,引诱害虫前来越冬,将其集中消灭。

(3)阻隔法　人为设置各种障碍,切断病虫害的侵害途径,称为阻隔法。

①涂环法　对有上下树习性的害虫可在树干上涂毒环或涂胶环,从而杀死或阻隔幼虫。多用于树体的胸高处,一般涂2~3个环。

②挖障碍沟　对于无迁飞能力只能靠爬行的害虫,为阻止其危害和转移,可在未受害植株周围挖沟;对于一些根部病害,也可以在受害植株周围挖沟,阻隔病原菌的蔓延,以达到防治病虫害传播蔓延的目的。

③设障碍物　主要防治无迁飞能力的害虫。如枣尺蠖的雌成虫无翅,交尾产卵时只能爬到树上,可在上树前在树干基部设

置障碍物阻止其上树产卵。

④覆盖薄膜　覆盖薄膜能增产同时也能达到防病的目的。许多叶部病害的病原物是在病残体上越冬的,花木栽培地早春覆膜可大幅度地减少叶病的发生。因为薄膜对病原物的传播起了机械阻隔作用,覆膜后土壤温度、湿度提高,加速病残体的腐烂,减少了侵染来源。如芍药地覆膜后,芍药叶斑病大幅减少。

(4)其他杀虫法　利用热水浸种、烈日暴晒、红外线辐射等方法,都可以杀死在种子、果实、木材中的病虫。根据某些害虫的生活习性,应用光、电、辐射、人工等物理手段防治害虫。

利用高温处理,可防治土壤中的根结线虫。利用微波辐射可防治蛀干害虫。设置塑料环可防治草履蚧、松毛虫等。人工捕捉,采摘卵块虫包,刷除虫或卵,刺杀蛀干害虫,摘除病叶病梢,刮除病斑,结合修剪除病虫枝、干等。

4. 生物防治法　用生物及其代谢产物来控制病虫的方法,称为生物防治。主要有以虫治虫、以微生物治虫或治病、以鸟治虫等。

生物防治法不仅可以改变生物种群的组成成分,而且能直接消灭大量的病虫;对人、畜、植物安全,不杀伤天敌,不污染环境,不会引起害虫的再次猖獗和形成抗药性,对害虫有长期的抑制作用;生物防治的自然资源丰富,易于开发,且防治成本低,是综合防治的重要组成部分和主要发展方向。但是,生物防治的效果有时比较缓慢,人工繁殖技术较复杂,受自然条件限制较大。害虫的生物防治主要是保护和利用天敌、引进天敌以及进行人工繁殖与释放天敌控制害虫发生。生物防治还包括鸟类等其他生物的利用,鸟类绝大多数以捕食害虫为主。目前,以鸟治虫的主要措施是:保护鸟类,严禁在城市风景区、公园打鸟;人工招引以及人工驯化等。如在林区招引大山雀防治马尾松毛虫,招引率达60%,对抑制松毛虫的发生有一定的效果。

蜘蛛、捕食螨、两栖动物及其他动物,对害虫也有一定的控制作用。例如,蜘蛛对于控制南方观赏茶树(金花茶、山茶)上的茶小绿叶蝉起着重要的作用;而捕食螨对酢浆草岩螨、柑橘红蜘蛛等螨类也有较强的控制力。

一些真菌、细菌、放线菌等微生物,在它的新陈代谢过程中分泌抗生素,可杀死或抑制病原物。这是目前生物防治研究中的一个重要内容。如哈茨木霉能分泌抗生素,杀死、抑制茉莉白绢病病菌。又如菌根菌可分泌萜烯类等物质,对许多根部病害有拮抗作用。

保护和利用病虫害的天敌是生物防治的重要方法。主要天敌有:天敌昆虫、微生物和鸟类等。天敌昆虫分寄生性和捕食性两类。寄生性天敌主要有赤眼蜂、跳小蜂、姬蜂、肿腿蜂等。捕食性天敌主要有螳螂、草蛉、瓢虫、蝽象等。增植蜜源(开花)植物、鸟食植物,有利于各种天敌生存发展。选择无毒或低毒药剂,避开天敌繁育高峰期用药等,有利于天敌生存。

5. 生物农药防治法　生物农药作用方式特殊,防治对象比较专一且对人类和环境的潜在危害比化学农药要小,因此特别适用于园林植物害虫的防治。

(1)微生物农药　以菌治虫,就是利用害虫的病原微生物来防治害虫。可引起昆虫致病的病原微生物主要有细菌、真菌、病毒、立克次氏体、线虫等。目前,生产上应用较多的是病原细菌、病原真菌和病原病毒3类。

利用病原微生物防治害虫,具有繁殖快、用量少、不受园林植物生长阶段的限制、持效期长等优点。近年来,作用范围日益扩大,是目前园林害虫防治中最有推广应用价值的类型之一。

①病原细菌　目前用来控制害虫的细菌主要有苏云金杆菌。苏云金杆菌是一类杆状的、含有伴孢晶体的细菌,伴孢晶体可通过释放伴孢毒素破坏虫体细胞组织,导致害虫死亡。苏云金杆菌对人、畜、植物、益虫、水生生物等无害,无残余毒性,有较好的稳定性,可与其他农药混用;对湿度要求不严格,在较高温度下发病

率高,对鳞翅目幼虫有很好的防治效果。因此,成为目前应用最广的生物农药。

②病原真菌 能够引起昆虫致病的病原真菌很多,其中以白僵菌最为普遍,在广东、福建、广西等地普遍用白僵菌来防治马尾松毛虫,取得了很好的防治效果。

大多数真菌可以在人工培养基上生长发育,便于大规模生产应用。但由于真菌孢子的萌发和菌丝生长发育对气候条件有比较严格的要求,因此昆虫真菌性病害的自然流行和人工应用常常受到外界条件的限制,应用时机得当才能收到较好的防治效果。

③病原病毒 利用病毒防治害虫,其主要优点是专化性强,在自然情况下,某种病原病毒往往只寄生一种害虫,不存在污染与公害问题,在自然界中可长期保存、反复感染,有的还可遗传感染,从而造成害虫流行病。目前发现不少园林植物害虫,如在南方危害园林植物的槐尺蠖、丽绿刺蛾、榕树透翅毒蛾、竹斑蛾、棉古毒蛾、樟叶蜂、马尾松毛虫、大袋蛾等,均能在自然界中感染病毒,对这些害虫的猖獗发生起到了抑制作用。各类病毒制剂也正在研究推广之中,如上海使用大袋蛾核型多角体病毒防治大袋蛾效果很好。

(2)生化农药 指那些经人工合成或从自然界的生物源中分离或派生出来的化合物,如昆虫信息素、昆虫生长调节剂等,主要来自于昆虫体内分泌的激素,包括昆虫的性外激素、昆虫的蜕皮激素及保幼激素等内激素。在国外已有100多种昆虫激素商品用于害虫的预测预报及防治工作,我国已有近30种性激素用于梨小食心虫、白杨透翅蛾等昆虫的诱捕、迷向及引诱绝育法的防治。

昆虫生长调节剂现在我国应用较广的有灭幼脲Ⅰ号、Ⅱ号、Ⅲ号等,对多种园林植物害虫如鳞翅目幼虫、鞘翅目叶甲类幼虫等具有很好的防治效果。

有一些由微生物新陈代谢过程中产生的活性物质,也具有较好的杀虫作用。例如,来自于浅灰链霉素抗性变种的杀蚜素,对蚜虫、红蜘蛛等有较好的毒杀作用，且对天敌无毒；来自于南昌链霉素的南昌霉素，对菜青虫、松毛虫的防治效果可达 90% 以上。

6. 化学防治法 化学防治是指用农药来防治害虫、病害、杂草等有害生物的方法。害虫大发生时可使用化学药剂压低虫口密度，具有收效快、防治效果好、使用方法简单、受季节限制较小、适合于大面积使用等优点。但也有明显的缺点，化学防治的缺点概括起来为抗药性、再猖獗及农药残留。由于长期对同一种害虫使用相同类型的农药，使得某些害虫产生不同程度的抗药性；由于用药不当杀死了害虫的天敌，从而造成害虫的再度猖獗危害；由于农药在环境中存在残留毒性，特别是毒性较大的农药，对环境易产生污染，破坏生态平衡。

施药方法主要有喷雾、土施、注射、毒土、毒饵、毒环、拌种、飞机喷药、涂抹、熏蒸等。

施药时的注重事项：

第一，在城区喷洒化学药剂时，应选用高效、无毒、无污染、对害虫的天敌也较安全的药剂。控制对人毒性较大、污染较重、对天敌影响较大的化学农药的喷洒。用药时，对不同的防治对象，应对症下药，按规定浓度和方法准确配药，不得随意加大浓度。

第二，抓准用药的最有利时机（既是对害虫防效最佳时机，又是对主要天敌较安全期）。

第三，喷药均匀周到，提高防效，减少不必要的喷药次数；喷洒药剂时，必须注意行人、居民、饮食等安全，防治病虫害的喷雾器和药箱不得与喷除草剂合用。

第四，注意不同药剂的交替使用，减缓防治对象抗药性的产生。

第五，尽量采取兼治，减少不必要的喷药次数。

第六，选用新药剂和方法时，应先试验。证明有效和安全时，才能大面积推广。

7. 外科治疗法 一些园林树木常受到枝干病虫害的侵袭，尤其是古树名木由于历尽沧桑,病虫害的危害已经形成大大小小的树洞和创痕。对于此类树木可通过外科手术治疗,对损害树体实行镶补后使树木健康的成长。常见的方法有:

(1)表层损伤的治疗 表皮损伤修补是指树皮损伤面积直径在10厘米以上的伤口的治疗。基本方法是用高分子化合物(聚硫密封胶)封闭伤口。在封闭之前对树体上的伤疤进行清洗,并用硫酸铜30倍液喷涂2次(间隔30分钟),晾干后密封(气温23℃±2℃时密封效果好)。最后用粘贴原树皮的方法进行外表装修。

(2)树洞的修补 首先对树洞进行清理、消毒,把树洞内积存的杂物全部清除,并刮除洞壁上的腐烂层,用30倍的硫酸铜溶液喷涂树洞消毒,30分钟后再喷1次。若壁上有虫孔,可注射50倍氧化乐果等杀虫剂。树洞清理干净、消毒后,树洞边材完好时,采用假填充法修补,即在洞口上固定钢板网,其上铺10~15厘米厚的107水泥砂浆(沙:水泥:107胶:水=4:2:0.5:1.25),外层用聚硫密封剂密封,再粘贴树皮。树洞大,边材部分损伤,则采用实心填充,即在树洞中央立硬杂木树桩或水泥柱作支撑物,在其周围固定填充物。填充物和洞壁之间的距离以5厘米左右为宜,树洞灌入聚氨脂,把填充物和洞壁粘成一体,再用聚硫密封剂密封,最后粘贴树皮进行外表修饰。修饰的基本原则是随坡就势,因树作形,修旧如故。

(3)外部化学治疗 对于枝干病害可以采用外部化学手术治疗的方法,即先用刮皮刀将病部刮去,然后涂上保护剂或防水剂。常用的伤口保护剂是波尔多液。

8. 园林树木害虫防治方法 防治树木害虫多采用喷药法,这种方法虽有一定的防治效果,但大量药液弥散于空气中污染环境,容易造成人畜中毒,且对桑天牛、光肩星天牛、蒙古大蠹蛾等蛀干害虫一般喷药方法很难奏效,必须采用特殊方法。针对以上病害的防治方法如下。

(1)树干涂药法　防治柳树、刺槐、山楂、樱桃等树上的蚜虫、金花虫、红蜘蛛和松树类上的介壳虫等害虫,可在树干距地2米高部位涂抹内吸性农药如氧化乐果等农药,防治效果可达95%以上。此法简单易行,若在涂药部位包扎绿色或蓝色塑料纸,药效更好。塑料纸在药效显现5~6天后解除,以免包扎处腐烂。

(2)毒签插入法　将事先制作的毒签插入虫道后,药与树液和虫粪中的水分接触产生化学反应形成剧毒气体,使树干内的害虫中毒死亡。将磷化锌11%、阿拉伯胶58%、水31%配合,先将水和胶放入烧杯中,加热到80℃,待胶溶化后加入磷化锌,拌匀后即可使用,使用时用长7~10厘米、直径0.1~0.2厘米的竹签蘸药,先用无药的一端试探蛀孔的方向、深度、大小,后将有药的一端插入蛀孔内,深4~6厘米,每蛀孔1支。插入毒签后用黄泥封口,以防漏气,毒杀钻蛀性害虫的防治效果达90%以上。

(3)树干注射法　天牛、柳瘿蚊、松梢螟、竹象虫等蛀害树木树干、树枝、树木皮层,用打针注射法防治效果显著。可用铁钻在树干离地面20厘米以下处打孔3~5个(具体钻孔数目根据树体的大小而定),孔径0.5~0.8厘米,深达木质部3~5厘米。注射孔打好后,用兽用注射器将内吸性农药如氧化乐果、杀虫双等缓缓注入注射孔。注药量根据树体大小而定,一般树高为2.5米、冠径为2米左右的树,每株注射原药1.5~2毫升,幼树每株注射1~1.5毫升,成年大树可适当增加注射量,每株2~4毫升,注药1周内害虫即可大量死亡。

(4)挂吊瓶法　给树木挂吊瓶是指在树干上吊挂装有药液的药瓶,用棉绳棉芯把瓶中的药液通过树干中的导管输送到枝叶上,从而达到防治的目的。此法适合于防治各种蚜虫、红蜘蛛、介壳虫、天牛、吉丁虫等吸汁、蛀干类害虫等。挂瓶方法是:选树主干用木钻钻一小洞,洞口向上并与树干呈45°的夹角,洞深至髓心把装好药液的瓶子钉挂在洞上方的树干上,将棉绳拉直。针对不同害虫,选择具有较高防效的内吸性农药,从树液开始流动到冬

季树体休眠之前均可进行,但以 4～9 月份的效果最好。

(5)根部埋药法 一是直接埋药。用 3％呋喃丹农药,在距树 0.5～1.5 米的外围开环状沟,或开挖 2～3 个穴,1～3 年生树埋药 150 克左右,4～6 年生树埋药 250 克左右,7 年生以上树埋药 500 克左右,可明显控制树木害虫,药效可持续 2 个月左右。尤其对蚜虫类害虫防治效果很好,防治松梢螟效果可达 95％。二是根部埋药瓶。将 40％氧化乐果 5 倍液装入瓶子,在树干根基的外围地面,挖土让树根暴露,选择香烟粗细的树根剪断根梢,将树根插进瓶里,注意根端要插到瓶底,然后用塑料纸扎好瓶口埋入土中,通过树根直接吸药,药液很快随导管输送到树体可有效地防治害虫。

9. 园林病虫害冬季治理措施 园林植物病虫害的越冬场所相对固定、集中,在防治上是一个关键时期。因此,研究病虫害的越冬方式、场所,对于其治理措施的制定具有重要意义。

(1)病害的越冬场所

①种苗和其他繁殖材料 带病的种子、苗木、球茎、鳞茎、块根、接穗和其他繁殖材料是病菌、病毒等病原物初侵染的主要来源。病原物可附着在这些材料表面或潜伏内部越冬,如百日菊黑斑病、瓜叶菊病毒病、天竺葵碎锦病等。带病繁殖材料常常成为绿地、花圃的发病中心,生长季节通过再侵染使病害扩展、蔓延,甚至造成流行。

②土壤 土壤对于土传病害或根部病害是重要的侵染来源。病原物在土壤中休眠越冬,有的可存活数年,如厚垣孢子、菌核、菌索等。土壤习居菌腐生能力很强,可在寄主残体上生存,还可直接在土壤中营腐生生活。引起幼苗立枯病的腐霉菌和丝核菌可以腐生方式长期存活于土壤中。在肥料中如混有未经腐熟的病株残体常成为侵染来源。

③病株残体 病原物可在枯枝、落叶、落果上越冬,翌年侵染寄主。

④病株　病株的存在,也是初侵染来源之一。多年生植物一旦染病后,病原物就可在寄主体内存留,如枝干锈病、溃疡病、腐烂病,可以营养体或繁殖体在寄主体内越冬,温室花卉由于生存条件的特殊性,其病害常是露地花卉的侵染来源,如多种花卉的病毒病、白粉病等。

(2)虫害的越冬场所　以各种方式在树基周围的土壤内、石块下、枯枝落叶层中、寄主附近的杂草上越冬,如:日本履绵蚧、美国白蛾、尺蛾类、美洲斑潜蝇、杜鹃三节叶蜂、棉卷叶野螟、月季长管蚜、霜天蛾。以卵等形态在寄主枝叶上、树皮缝中、腋芽内、枝条分杈处越冬,如:大青叶蝉、紫薇长斑蚜、绣线菊蚜、日本纽绵蚧、考氏白盾蚧、水木坚蚧、黄褐天幕毛虫。以幼虫在植物茎、干、果实中越冬,如:星天牛、桃蛀螟、亚洲玉米螟。以其他方式越冬:小蓑蛾以幼虫在护囊中越冬;多数枣蛾以幼虫在枝条或植物根际做茧越冬;蛴螬、蝼蛄、金针虫等地下害虫喜在腐殖质中越冬。

(3)治理措施　对带有病虫的植物繁殖材料,须加强检疫,进行处理,杜绝来年种植扩大蔓延。以球茎、鳞茎越冬的繁殖材料,收前应避免大量浇水,要在晴天采收,减少伤口,剔除有病虫的材料,以后在阳光下暴晒几日,贮窖要预先消毒、通气,贮存温度5℃,空气相对湿度70%以下。

用辛硫磷、甲基异硫磷、五氯硝基苯、代森锌等农药处理土壤。农家杂肥要充分腐熟,以免病株残体将病原物带入,防止蝼蛄、蛴螬、金针虫繁衍滋生。接近封冻时,对土壤翻耕,使在土壤中越冬的害虫受冻致死,改变好气菌、厌氧菌的生存环境,降低土壤含虫、含菌量。翻耕深度以20~30厘米为宜。

把种植园内有病虫的落枝、落叶、杂草、病果处理干净,集中烧毁、深埋,可减少大量病虫害。对有病虫的植株,结合冬季修剪,消灭病虫。将病虫枝剪掉,集中烧毁;用牙签剔除受精雌介壳虫外壳,人工摘除枝条上的刺蛾茧;刮除在树皮缝、树疤内、枝杈处的越冬害虫、病菌;对有下树越冬习性的害虫可在其下树前绑草诱集，集中杀灭。

冬季树干涂白。以2次为好，第一次在落叶后至土壤封冻前进行，第二次在早春进行，此法可减轻日灼、冻害。如加入适量杀虫、杀菌剂，还可兼治病虫害。植物发芽前喷施50～100倍晶体石硫合剂，既可杀灭病菌，也可杀除在枝条、芽腋、树皮缝内的蚜、蚧、螨的虫体及越冬卵。在使用涂白剂前，最好先将林园行道树的树木用枝剪剪除病枝、弱枝、老化枝及过密枝，然后收集起来予以烧毁，并且把折裂、冻裂处用塑料薄膜包扎好。在仔细检查过程中如发现枝干上已有害虫蛀入，要用棉花浸药把害虫杀死后再进行涂白处理。涂白部位主要在离地1～1.5米处为宜。如老树更新后，为防止日晒，则涂白位置应升高，或全株涂白。

几种常用涂白剂的配制与使用方法。第一种，硫酸铜石灰涂白剂。有效成分比例：硫酸铜500克、生石灰10千克。配制方法：用开水将硫酸铜充分溶解，再加水稀释；将生石灰慢慢加水熟化后，继续将剩余的水倒入调成石灰乳然后将两种混合，并不断搅拌均匀即成涂白剂。第二种，石灰硫磺四合剂涂白剂。有效成分比例：生石灰8千克、硫磺1千克、食盐1千克、动（植）物油0.1千克、热水18升。配制方法：先用热水将生石灰与食盐溶化，然后将石灰乳和食盐水混合，加入硫磺和油脂充分搅匀即成。第三种，石硫合剂生石灰涂白剂。有效成分比例：石硫合剂原液0.25千克、食盐0.25千克、生石灰1.5千克、油脂适量、水5升。配制方法：将生石灰加水熟化，加入油脂搅拌后加水制成石灰乳再倒入石硫合剂原液和盐水，充分搅拌即成。第四种，熟石灰水泥黄泥涂白剂。有效成分比例：熟石灰1 000克、水泥1 000克、黄泥1 250克。配制方法：将熟石灰、水泥和黄泥加水混合后搅拌成浆液状即可使用，可酌情加入杀虫剂、杀菌剂以兼治树木的枝干病虫。注意做到随配随用。

五、园林植物养护工作年历

1月:全年中气温最低的月份,露地树木处于休眠状态。

第一,防寒与维护。随时检查树木的防寒情况,发现防寒物有漏风等问题的,应及时补救;对于易受损坏的树木要加强保护,必要时可以采取捆裹树干的方法加强保护。

第二,冬季修剪。全面进行整形修剪作业,对悬铃木、大小乔木上的枯枝、伤残枝、病虫枝及妨碍架空线和建筑物的枝杈进行修剪。

第三,行道树检查。检查行道树绑扎、立桩情况,发现松绑、铅丝嵌入树皮、摇桩等情况时立即整改。

第四,防治害虫。冬季是消灭园林害虫的有利季节,往往有事半功倍的效果。可在树下疏松的土中挖集刺蛾的虫蛹、虫茧,集中焚烧。1月中旬的时候,介壳虫类开始活动,但这时候行动迟缓,可以采取刮除树干上的幼虫的方法。

第五,绿地养护。要注意防冻浇水,拔除绿地内大型野草;草坪要及时挑草、切边,对于当年秋天播种晚或长势弱的草坪,在上旬应采取覆盖草帘、麦秆等措施保护草坪越冬。

第六,做好年度养护工作计划,包括药剂、肥料、机具设备等材料的采购。

2月:气温较1月有所回升,树木仍处于休眠状态。

第一,养护基本与1月相同。

第二,主要是防止草坪过度践踏。对温度回升快的地方,在2月下旬应浇1次解冻水,促进草坪的返青。下旬可对老草坪进行疏草工作,清除过厚的草坪垫层和枯枝落叶层。

第三,修剪。继续对大小乔木的枯枝、病枝进行修剪,月底以前结束。

第四,防治害虫。继续以防治刺蛾和介壳虫为主。

3月：气温继续上升，中旬以后，树木开始萌芽，有些树木已开花。

第一，植树。春季是植树的有利时机。土壤解冻后，应立即抓紧时机植树。植大小乔木前做好规划设计，事先挖(刨)好树坑，要做到随挖、随运、随种、随浇水。种植灌木时也应做到随挖、随运、随种，并充分浇水，以提高苗木存活率。

第二，春灌。因春季干旱多风，蒸发量大，为防止春旱，对绿地应及时浇水。

第三，施肥。土壤解冻后，对植物施用基肥并灌水。

第四，防治病虫害。本月是防治病虫害的关键时刻。一些植物(如山茶、海桐)出现了煤污病(可喷3～5波美度的石硫合剂，消灭越冬病原)，瓜子黄杨卷叶螟也出现了，可采用喷洒杀螟松等农药进行防治。防治刺蛾可以继续采用挖蛹方法。

第五，草坪养护。草坪剪去冬季干枯的叶梢，保持较低的高度，以利接受更多的太阳辐射，提早返青。草坪开始进入返青期，应全面检查草坪土壤平整状况，可适当添加细沙进行平整，如果洼地超过2厘米，应将草皮铲起添沙、肥泥并浇水、镇压。及早灌溉是促进草坪返青的必要措施，地温一旦回升应及时浇1次透水。中旬应追施1次氮肥，下旬根据实际情况可在叶面喷施1次磷钾肥。中下旬适当进行低修剪，可促进草坪提早返青，同时能吸收走草坪上的枯草层或枯枝落叶。对践踏过度、土壤板结的草坪，应使用打孔机具(人工、机动)打孔透气，发现有成片空秃及质量差的草坪应安排计划及早补种。做好草坪养护机具的保养工作。

第六，拆除部分防寒物。冬季防寒所加的防寒物，可部分撤除，但不能过早。冬季整形修剪没有结束的应抓紧时间剪完。

4月：气温继续上升，树木均已发芽、展叶，开始进入生长旺盛期。

第一，继续植树。4月上旬应抓紧时间种植萌芽晚的树木，对冬季死亡的灌木应及时拔除补种。

第二,灌水。继续对养护绿地进行及时的浇水。

第三,施肥。对草坪、灌木结合灌水,追施速效氮肥,或者根据需要进行叶面喷施。

第四,修剪。剪除冬、春季干枯的枝条,可以修剪常绿绿篱,做好绿化护栏油漆、清洗、维修等工作。

第五,防治病虫害。一是防治介壳虫。介壳虫在第二次蜕皮后陆续转移到树皮裂缝内、树洞、树干基部、墙角等处分泌白色蜡质薄茧化蛹,可以用硬竹扫帚扫除,然后集中深埋或浸泡处理;也可喷洒杀螟松等农药进行防治。二是防治天牛。天牛开始活动了,可以采用嫁接刀或自制钢丝挑除幼虫,但是伤口要做到越小越好。三是预防锈病。施用烯唑醇或三唑酮2~3次。下旬对发生虫害的地段可采用菊酯等类药物防除。下旬喷施2次杀菌剂对草坪病害进行防治,如多菌灵、三唑酮、甲基硫菌灵、代森锰锌。四是进行其他病虫害的防治工作。

第六,绿地内养护。注意大型绿地内的杂草及攀缘植物的拔除。对草坪也要进行挑草及切边工作。拆除全部防寒物。

第七,草花。迎五一替换冬季草花,注意做好浇水工作。

5月:气温急剧上升,树木生长迅速。

第一,浇水。树木抽条、展叶盛期,需水量很大,应适时浇水。

第二,施肥。可结合灌水追施化肥。

第三,修剪。修剪残花;新植树木剥芽、去蘖等;行道树进行第一次的剥芽修剪。

第四,防治病虫害。继续以捕捉天牛为主。刺蛾第一代孵化,但尚未达到危害程度,根据养护区内的实际情况做出相应措施。由介壳虫、蚜虫等引起的煤污病也进入了盛发期(在紫薇、海桐、夹竹桃等上),在5月中下旬喷洒松脂合剂10~20倍液及50%辛硫磷乳剂1 500~2 000倍液以防治病害及杀死害虫。

第五,草坪养护。草坪开始进入旺盛生长时期,应每隔10天

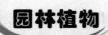

左右剪1次。可根据草坪品种不同留茬高度控制在3～5厘米。对于早春干旱缺雨地区,及时进行灌溉,并适当施用磷酸二铵以促进草坪生长。对易发生病害的草坪进行防治,如喷洒多菌灵、三唑酮、井冈霉素以防止锈病及春季死斑病的发生。

6月:气温急剧升高,树木迅速生长。

第一,浇水。植物需水量大,要及时浇水。

第二,施肥。结合松土除草、施肥、浇水以达到最好的效果。

第三,修剪。继续对行道树进行剥芽除蘖工作,对过大过密树冠适当疏剪。对绿篱、球类及部分花灌木实施修剪。

第四,中耕锄草。及时消灭绿地内的野草,防止草荒。

第五,排水工作。雨季将来临,预先挖好排水沟,做好排水防涝的准备工作,大雨天气时要注意低洼处的排水工作。

第六,防治病虫害。6月中下旬刺蛾进入孵化盛期,应及时采取措施,现基本采用50％杀螟硫磷乳油500～800倍液喷洒。继续对天牛进行人工捕捉。月季白粉病、青桐木虱等也要及时防治。草坪防治病害:褐斑病、枯萎病、叶斑病开始发生,喷灌预防性杀菌剂,如多菌灵、代森锰锌和百菌清等。草坪防治黏虫:黏虫一年可发生2～4代,对草坪破坏性极大。及时发现是防治黏虫的关键。3龄以内,施用1～2次杀虫剂可控制。

第七,做好树木防汛防台风前的检查工作,对松动、倾斜的树木进行扶正、加固及重新绑扎。

第八,草坪养护。草坪进入夏季养护管理阶段,定期修剪的次数一般为10天左右。每次修剪后要及时喷洒农药,防止病菌感染。主要杀菌剂有多菌灵、甲基硫菌灵、代森锰锌等。肥以钾肥为主,避免施用氮肥,施肥量以15克/米^{2}为宜。浇水应在早、晚浇灌,避开中午高温时间。

7月:气温最高,中旬以后会出现大风大雨情况。

第一,移植常绿树。雨季期间,水分充足,蒸发量相对较低,可以移植常绿树木,特别是竹类最宜在雨季移植。但要注意天气变化,一旦碰到高温要及时浇水。

第二,大雨过后要及时排涝。

第三,施追肥,在下雨前干施氮肥等速效肥。

第四,巡查、救危。进行防台风剥芽修剪,对与电线有矛盾的树枝一律修剪,并对树桩逐个检查,发现松垮、不稳现象立即扶正绑紧。事先做好劳力组织、物资材料、工具设备等方面的准备,并随时派人检查,发现险情及时处理。

第五,防治病虫害。继续对天牛及刺蛾进行防治。防治天牛可以采用50%杀螟硫磷乳油50倍液注射,然后封住洞口,也可达到很好的效果。香樟樟巢螟要及时地剪除,并销毁虫巢,以免再次危害。

第六,草坪养护。天气炎热多雨,是冷季型草坪病害多发季节,养护管理工作主要以控制病害为主。浇水应选择早上为好,控制浇水量,以湿润地表15～20厘米为准。这时候是杂草大量发生的季节,要及时清除杂草,对阔叶杂草可采用苯磺隆、2,4-D丁酯等除草剂防除。修剪应遵循"1/3"原则,每次剪去草高的1/3,病害发生时修剪草坪应对剪草机的刀片进行消毒处理,防止病害蔓延,每次修剪后还要及时喷洒多菌灵、甲基硫菌灵、代森锰锌、百菌清、三唑酮、井冈霉素等,可以单用也可混合使用,建议施药时要避开午间高温时间和有露水的早晨。根据实际情况可适当增施磷、钾肥。草坪病害防治:褐斑病、枯萎病、叶斑病开始发生,喷灌预防性杀菌剂,如多菌灵、代森锰锌和百菌清等。草坪黏虫防治:黏虫一年可发生2～4代,对草坪破坏性极大。及时发现是防治黏虫的关键。3龄以内,施用1～2次杀虫剂可控制。

8月:仍为高温多雨时期。

第一,排涝。大雨过后,对低洼积水处要及时排涝。

第二,行道树防台风工作。继续做好行道树的防台风工作。

第三,修剪。除一般树木夏修外,要对绿篱进行造型修剪。

第四,中耕除草。杂草生长也旺盛,要及时地除草,并可结合除草进行施肥。草坪养护同 7 月份。

第五，防治病虫害。捕捉天牛为主，注意根部的天牛捕捉。蚜虫危害、香樟樟巢螟要及时防治。潮湿天气要注意白粉病及腐烂病，要及时采取措施。

9 月：气温有所下降，做好迎国庆相关工作。

第一，修剪。迎接市容工作，行道树三级分权以下剥芽。绿篱造型修剪。绿地内除草，草坪切边，及时清理死树，做到树木青枝绿叶，绿地干净整齐。

第二，施肥。秋季施肥是一年中施肥量最多的季节。对一些生长较弱、枝条不够充实的树木，应追施一些磷、钾肥。

第三，草花。迎国庆，草花更换，选择颜色鲜艳的草花品种，注意浇水要充足。

第四，防治病虫害。穿孔病（樱花、桃、梅等）为发病高峰，采用 50% 多菌灵 1000 倍液防止侵染。天牛开始转向根部危害，注意根部天牛的捕捉。对杨、柳上的木蠹蛾也要及时防治。做好其他病虫害的防治工作。

第五，绿地管理。天气变凉，是虫害发生的最主要时期，管理工作以防治虫害为主，草地害虫如蝼蛄、草地螟等应及时防除。选用的药物主要有呋喃丹、西维因、敌杀死、辛硫磷、氧化乐果等，如果单一药物作用不是很大，则应按适应的比例把几种药物混合使用。该月病害基本不再蔓延，应及时清除枯死的病斑，对于草坪中出现的空秃可进行补播。草坪施肥以磷肥为主，可施入少量钾、氮肥，增强其抗病能力和越冬能力。本月是建植草坪的最佳时期，草皮补植及绿化维修服务主要在本月进行。

第六，国庆节前做好各类绿化设施的检查工作。

10 月：气温下降，10 月下旬进入初冬，树木开始落叶，陆续进入休眠期。

第一，做好秋季植树的准备，10 月下旬耐寒树木一落叶，就可以开始栽植。

第二，绿地养护。及时去除死树，及时浇水。绿地、草坪挑草切边工作要做好。草花生长不良的要施肥。晚秋施肥可增加草坪绿期及提早返青。留茬高度应适当提高，以利草坪正常越冬。浇水次数可适当减少。增施氮磷钾肥（肥料配比应是高磷、高钾、低氮）促进草坪生长，以便于越冬。

第三，防治病虫害。继续捕捉根部天牛，香樟巢螟也要注意观察防治。

11月：气温继续下降，冷空气频繁，天气多变，树木落叶，进入休眠期。

第一，植树。继续栽植耐寒植物，土壤冻结前完成。

第二，翻土。有条件的可以在土壤封冻前施基肥；对绿地土壤翻土，暴露准备越冬的害虫。清理落叶：如草坪上有落叶，要及时清理，防止伤害草坪。

第三，浇水。对干、板结的土壤浇水，灌冻水要在封冻前完成。

第四，防寒。对不耐寒的树木做好防寒工作，灌木可搭风障，宿根植物可培土。

第五，病虫害防治。各种害虫在下旬准备过冬，防治任务相对较轻。

12月：低气温，开始冬季养护工作。

第一，冬季修剪，对一些常绿乔木、灌木进行修剪。

第二，消灭越冬病虫害。

第三，做好明年调整工作准备。待落叶植物落叶以后，对养护区进行观察，绘制要调整的方位。根据情况及时进行冬灌；防止过度践踏草坪，避免翌年出现秃斑。

园林植物应用与管理技术

参考文献

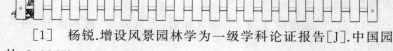

[1] 杨锐.增设风景园林学为一级学科论证报告[J].中国园林,2011(5):4-8.

[2] 张波,刘津生.园林绿化养护手册[M].北京:中国林业出版社,2012.

[3] 赵和文.园林树木选择 栽植 养护[M].北京:化学工业出版社,2009.

[4] 王润珍,王丽君,王海荣.园林植物病虫害防治[M].北京:化学工业出版社,2011.

[5] 胡运骅.生态园林理论在上海城市绿化中的应用和成果[J].中国园林,2010(3):32-35.

[6] 程绪珂,胡运骅.生态园林的理论与实践[M].北京:中国林业出版社,2006.

[7] 雷一东.园林绿化方法与实现[M].北京:化学工业出版社,2006.

[8] 郭旭光.上海园林植物新优品种在景观设计中的应用[D].西安:西北农林科技大学,2010.

[9] 沈士华,许林源,韦国权.新优园林植物应用经验谈[N].中国花卉报,2005.

[10] 上海市绿化和市容管理局科技信息处.上海推进新优植物应用[J].园林,2012(5):62-63.

[11] 李春娇,贾培义,董丽.风景园林中植物景观规划设计

参考文献

的程序与方法[J].中国园林,2014:93-99.

[12] 杨玉萍.城市近自然园林的营建与公众认知[D].武汉:华中农业大学,2011.

[13] 城市园林绿地规划编写组.城市园林绿地规划[M].北京:中国建筑工业出版社,1982.

[14] 丁朝华,武显维.城镇绿化建设与管理[M].北京:金盾出版社,1998.

[15] 李洪远,鞠美庭.生态恢复的原理与实践[M].北京:化学工业出版社,2005.

[16] 李娟娟.现代园林生态设计方法研究[D].南京:南京林业大学,2004.

[17] 刘福智.景园规划与设计[M].北京:机械工业出版社,2004.

[18] 刘彦琢.生态原则在园林设计中的应用[D].北京:北京林业大学,2003.

[19] 孙吉雄.草坪绿地规划设计与建植管理[M].北京:科学技术文献出版社,2002.

[20] 王斌.现代园林学框架体系初步研究[D].南京:南京林业大学,2002.

[21] 徐峰.城市园林绿地设计与施工[M].北京:化学工业出版社,2002.

[22] 杨向青.园林规划设计[M].南京:东南大学出版社,2004.

[23] 陈劲元,黄彩云.谈谈园林绿化工程的施工与管理[J].中山大学学报论丛,2002,22(3):117-119.

[24] 陈自新.城市园林绿化与城市可持续发展[J].中国园林,1998,14(59):4-5.

[25] 吉庆萍,李迪华,俞孔坚.景观与城市的生态设计:概念与原理[J].中国园林,2001,17(6):3-10.

227

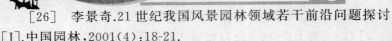

［26］　李景奇.21世纪我国风景园林领域若干前沿问题探讨[J].中国园林,2001(4):18-21.

［27］　米歇尔·高哈汝,朱建宁,李国钦.针对园林学院学生谈谈景观设计的九个必要步骤[J].中国园林,2004(4):76-80.

［28］　聂磊,阮少艺,沙慧文,等.城市园林绿化与生物多样性保护[J].中山大学学报论丛,2002,22(3):23-26.

［29］　彭燕,张新全,周寿荣.我国主要草坪草种质资源研究进展[J].园艺学报,2005,32(1):359-364.

［30］　王克勤,赵璟,樊国盛.园林生态城市——城市可持续发展的理想模式[J].浙江林学院学报,2002,19(1):58-62.

［31］　杨彬,杨鹏.城市园林绿化与环境保护[J].山东环境,1998(3):57-58.

［32］　Peter Jacobs, Roy Mann.Landscape prospects of the next millennium[J].Landscape and Urban Planning,2000,47:129-133.